JN297136

人類進化論

霊長類学からの展開

山極 寿一 著

裳華房

Human Evolution
－Perspectives from Primatology－

by

JUICHI YAMAGIWA　Dr. Sci.

SHOKABO

TOKYO

はじめに

　人類学も進化論も，西洋で起こった学問である．しかし，人間以外の霊長類を対象にして人類の進化を考える霊長類学は，20世紀の中盤に日本でその中核が作られたといってよい．その理由の一つは，西洋には人間以外の霊長類が生息しておらず，日本には列島各地に野生のニホンザルがいたことにある．古くからニホンザルは，歌に詠まれ，民話の中に顔を出し，日本人の心の中に息づいてきた．動物と人間の間に越えがたい境界を設ける西洋の考え方とは異なり，日本ではサルと人間を連続したものと見なす思想に大きな抵抗がなかったことも幸いしたと言ってよい．

　日本の霊長類学は動物社会学として出発した．これは，すべての生物に社会を認め，その一つとして霊長類や人間の社会を位置づけようとした今西錦司の発想によるところが大きい．第二次世界大戦直後にそれをフィールドワークによって明らかにしようとした今西は，宮崎県の都井岬で半野生馬の調査を始め，それに参加した川村俊蔵，伊谷純一郎とともに野生ニホンザルの群れに出会ったのが，霊長類学の出発点となった．日本の各地でニホンザルの行動が観察され，その社会の実態が次々に明らかにされた．しかし，霊長類学は初めから，人間以外の動物と人間の社会の間にある進化のミッシングリンクを見つけ出そうという野心をもっていた．そのため，初期の霊長類学者たちは自分たちの発見を人類学の中で議論しようとした．1956年の日本人類学・日本民族学連合大会で，川村が「ニホンザルのカルチュア」，伊谷が「ニホンザルのコミュニケーション」を発表したときに起こった混乱は有名である．それまで人類学者は，人間以外の動物に文化があり，高度な音声伝達機構があるとは考えていなかったからである．人間だけがもつと見なされていた文化や社会の規則がサルにもあるという発見や議論は，日本人類学会や日本モンキーセンターのプリマーテス研究会，京都大学霊長類研究所のホミニゼーション研究会で毎年繰り返され，次第に認められるようになった．

はじめに

　欧米では1960年代から霊長類研究が盛んに行われるようになり，1964年には早くも国際霊長類学会が設立されている．日本ではずっと後になって1985年に霊長類学会が設立された．これは，日本の霊長類学者が霊長類学という狭い範囲で議論するのを好まなかったためである．サルにも文化や社会があるという初期の主張が世界的に認められ，やっと国内に霊長類学の裾野を広げようという機運が生まれたのである．日本から10年以上遅れて始まった欧米の霊長類学もサルや類人猿を人類へつながる存在として重視していたが，社会学ではなく，行動学や生態学の視点からアジア，アフリカ，南米でフィールドワークを始めた．そこには欧米のナチュラルヒストリーの伝統が色濃く反映されている．

　本書は，この日本と欧米の視点の違いを考慮しながら，これまで霊長類学が扱ってきた人類進化のテーマと発見をわかりやすく紹介しようという意図で書かれた．多くの内容は，私が京都大学の講義「人類学」で行った話に基づいている．まず1章では霊長類学の発想とは何かを紹介し，日本と欧米の考え方の違いを解説する．人類学における霊長類学の利点は，古い人類の化石からはわからない祖先の行動や生態を現生のサルや類人猿の観察によって検討できることにある．2章では，人類の誕生の舞台になった熱帯雨林と，そこに適応してきた霊長類の進化史を概観する．3章では，他の哺乳類と異なる生活史を進化させたサル，類人猿，人類のそれぞれの特徴，4章では性の進化についてこれまでの発見と議論を紹介する．5章では，近年霊長類の社会の進化に大きな影響を与えていると考えられているオスの子殺しと暴力，6章では人類社会への架け橋と見なされる和解行動，分配行動，道具行動や種々のコミュニケーション能力について言及する．そして最後の7章では，霊長類学の知見から描いたヒトの進化について総括し，まだ解明されていない人類進化の謎について述べる．

　これまでにも霊長類学の本は多数出版されているが，野生霊長類のフィールドワークの成果に基づいて人類の進化史の解明を試みたのは本書が初めてである．霊長類学によって人類の過去を遡り，現在の人間を見つめなおす視線を養い，その探求の楽しさを味わっていただければ幸いである．

2008年7月

山 極 寿 一

目 次

1 霊長類学の発想
- 1・1 人類学と霊長類の出会い …………………… *1*
- 1・2 化石の発掘と人間の祖先 …………………… *4*
- 1・3 人類学と生物学の分離 ……………………… *8*
- 1・4 霊長類学の誕生 ……………………………… *11*
- 1・5 自然群の研究が明らかにしたこと ………… *15*
- 1・6 社会生態学の考え方 ………………………… *21*

2 人類誕生の舞台
- 2・1 熱帯雨林とはどんな場所か ………………… *30*
- 2・2 熱帯雨林における霊長類の進化 …………… *36*
- 2・3 類人猿の食と社会 …………………………… *45*
- 2・4 混群と異種の類人猿の共存 ………………… *54*

3 霊長類の生活史戦略
- 3・1 サルの一生 …………………………………… *60*
- 3・2 類人猿の生活史 ……………………………… *63*
- 3・3 人類の生活史の特徴 ………………………… *66*

4 霊長類の性と進化
- 4・1 霊長類の性の特徴 …………………………… *74*
- 4・2 発情の季節性 ………………………………… *78*

4・3　類人猿の性 …………………………………… *81*
　4・4　ホモセクシュアル行動 …………………… *85*
　4・5　インセストの回避 ………………………… *89*
　4・6　人類の性と進化 …………………………… *94*

5　オスの子殺しと暴力
　5・1　子殺しの発見 ……………………………… *98*
　5・2　子殺しの起こる条件 …………………… *101*
　5・3　子殺しの種内変異 ……………………… *104*
　5・4　集団間の争い …………………………… *112*

6　社会的知性とコミュニケーション
　6・1　攻撃と和解 ……………………………… *118*
　6・2　不平等社会と平等社会 ………………… *125*
　6・3　対面交渉と食物の分配 ………………… *129*
　6・4　道具使用行動と文化 …………………… *134*

7　人類進化の謎に挑む
　7・1　ヒトはどのように進化したか ………… *144*
　7・2　食物共有仮説 …………………………… *152*
　7・3　文化のビッグバンと感情の進化 ……… *160*

　　参考文献 ……………………………… *173*
　　図表の引用文献 ……………………… *177*
　　索引 …………………………………… *181*

1 霊長類学の発想

1・1 人類学と霊長類の出会い

　人類学とは，人間とは何かを研究する学問である．しかし，現代の人間だけを調べていては，その由来を知ることはできない．古い時代の人類の化石や人間に近縁な霊長類の特徴に基づいて，過去の姿を復元してみなければならないのである．人類学がこれらの方法を使うようになったのは，20世紀も後半になってからのことだ．そもそも人間が，今とは違った姿をしていた過去があるとは誰も思っていなかった．人間も動物も数千年前に神が創造し，現在までその姿を変えることなく存続してきたと考えられていた．

　アリストテレスは，身体面でも精神面でも人間と動物が連続的な特徴をもっていると考えた．人間を自然階梯の最上位に置いたが，他の動物との大きな違いは直立二足歩行と大きな脳だけと記している．現在の知識から見ても，これはきわめて正確な描写である．しかし，ギリシャ時代以降，人間と動物の連続性を自然科学的な視点で探求する試みは，神学の発達によって阻まれてしまう．18世紀になってリンネは，全動植物を属と種の二名法で分類し，人間をホモ・サピエンスと命名した．彼は人間をサルや類人猿に最も近いものとして分類したが，その類縁性を知ろうとしたわけではない．天地創造の際に神によって創られた種を分類しようとしただけである．動物の特徴が時間とともに変化するという考えは，19世紀になってから初めて強く主張されるようになったのである．

図 1・1　ジャン・バティスト・ド・ラマルク [1-2]

図 1・2　チャールズ・ダーウィン [1-2]

　その先鞭をきったのはラマルク（図 1・1）で，彼は四手類のサルが木から下りて二足で立って歩いたことによって，二手類の人間に変わったと述べている．サルから人間への進化を最初に公然と主張した学者だった．しかし，ラマルクはこういった特徴の変化が動物の必要に応じて現れると考えたため，後に強く非難される結果となった．進化論を不動のものにしたのはチャールズ・ダーウィン（図 1・2）である．その核となった自然選択という考えは祖父のエラズマス・ダーウィンの発想にもあり，同時代のウォレスもすでに気がついていた．生物の個体どうしは限られた食物をめぐる競争状態にあり，有利な形質をもったものが生きながらえて多くの子孫を残す．それが，やがて種の形質を変化させる結果となる．
　ダーウィンの考え方で最も重要なのは，個体どうしの競争が進化の原動力ということ，種が分岐するということである．ラマルクのように，個体と環境だけの相互作用では進化は起きない．ある環境の中で個体どうしが生存や繁殖をめぐって競合するからこそ，子孫の数に違いができる．また，新しい種が生まれるということは，過去を遡ればその変化が起きる前の種に行き着

図 1·3　トーマス・ヘンリー・ハックスリー [1-2]

図 1·4　サミュエル・ウィルバフォース司教 [1-2]

く．すなわち，現存する複数の種は必ず過去に共通祖先をもっているということを示している．

　ダーウィンは 1859 年に出した『種の起原』の中では人間について言及することを避けていた．しかし，彼の進化論から必然的に導かれた「人間の祖先はサルの仲間である」という説はまたたくうちに人々の口にのぼるようになった．その強力な推進者として知られているのがトーマス・ハックスリー（図 1·3）である．1860 年にオックスフォードで行われたイギリス学術振興協会の年次総会で，ダーウィン進化論の是非をめぐって彼はウィルバフォース司教（図 1·4）と対決した．「貴君が類人猿と親類だというのは，おじいさんの方ですか，それともおばあさんの方の関係でしょうか」と皮肉たっぷりに聞かれたハックスリーは，「類人猿の子孫であるほうが，神から恵まれた教養と雄弁を，偏見と虚偽に奉仕するために使う人間の子孫であるよりもましだと思います」とやり返して，見事に創造説を葬り去ったことで一躍有名になった．1863 年にハックスリーは『自然界における人間の位置』を著し，人間と類人猿の差は，類人猿とサルの差よりも小さく，人間の祖先はある種

の類人猿に違いないと述べている．ダーウィンも1871年に著した『人間の由来』で，人間と類人猿の間には体格，生理，情緒，社会性，心理といった面で類似した特徴があることを述べている．そして，アフリカにはかつてゴリラやチンパンジーとよく似た類人猿がすんでいたと考えられ，人間の祖先がここで見つかる可能性が高いと示唆している．私は，これらのハックスリーとダーウィンの主張が霊長類学の出発点と見なせると考えている．人間以外の霊長類，とくに人間に最も近縁なゴリラやチンパンジーなどの類人猿を研究することが，人間の祖先の特徴を知ることにつながると明確に示されたからである．

1・2 化石の発掘と人間の祖先

しかし，人間の祖先を知る手段としてサルや類人猿の研究がすぐに着手されたわけではなかった．それは，欧米の学者たちがまだ人間と他の動物たちとの連続性に強い疑義をもっていたからだった．人間の祖先はいつ出現したのか．それはいったいどんな姿をしていたのか．その確信がもてるまで，人間以外の動物に祖先の姿を重ねたくはなかったのである．

実は，人類の古い化石（ネアンデルタール人）はダーウィンの『種の起原』が出る少し前の1856年に，ドイツのデュッセルドルフの郊外にあるネアンデル渓谷で発見されていた．しかし，眉上隆起が極端に飛び出しており，大腿骨が曲がっていたことから，くる病にかかったコサック兵だと見なされた．

1868年にはフランスのヴェゼール渓谷で，現代人によく似た古い人骨が発見され，1898年にはジャワのトリニールで，類人猿に似た頭骨と大腿骨が掘り出された．これらはそれぞれ，クロマニヨン人，ジャワ原人（ピテカントロプス・エレクトス）と名づけられた．

しかし，ネアンデルタール人もジャワ原人も当初，人間の正当な祖先とは見なされなかった．人間の祖先にふさわしい特徴とは，立派な脳が収まる大きな丸い頭骨だった．そんな人々の期待にかなう化石が1912年にイギリス

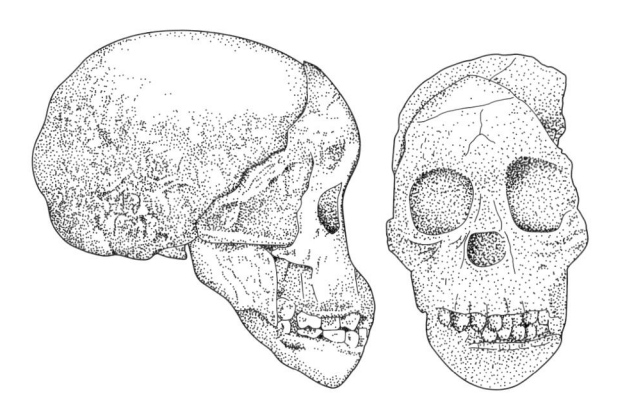

図 1・5 タウングス化石
1924 年，南アフリカ共和国タウングの石灰採取場で発見された 4 歳ほどの子どもの頭骨．レイモンド・ダートによって分析され，現生類人猿とヒトの中間に位置するとされ，タウング・チャイルドと名づけられた．後にアウストラロピテクス・アフリカヌスと命名．

で発見された．ピルトダウン人と呼ばれたこの頭骨は，現代人並に脳が大きく，顎は類人猿によく似ていた．高い知性をもつ脳を発達させたことが，人間のはじまりだったという当時の考えによく合致するものだった．これが実は巧妙に造られた偽造品で，現代人の頭骨にオランウータンの下顎を組み合わせたものであることがわかったのは，40 年も経った 1953 年のことである．

おかげで，1924 年にレイモンド・ダートによって南アフリカで発見された重要な化石は，長いあいだ人間の祖先とは見なされなかった．タウングスの石切り場で見つかったその化石（図 1・5）は 6, 7 歳の子どもの頭骨で，それまでに見つかったどの化石よりも類人猿に似ていた．しかし，類人猿と比べると前頭部が丸みを帯びており，歯の大きさも形も華奢になっている．学界の賛同は得られなかったものの，ダートはこの化石をアウストラロピテクス・アフリカヌスと名づけて，人類の最も古い祖先と位置づけた．その後，南アフリカのステルクフォンテインやクロムドライで，四肢や下顎などの化石が発見されるようになると，アウストラロピテクスが直立二足歩行をしていたことがはっきりした．大後頭孔（頭骨底部にある脳と脊髄をつなぐ孔）

図1・6　ホモ・ハビリス[1-9]
1960年，タンザニア共和国のオルドヴァイ渓谷でルイス・リーキーによって発見された最初のホモ属の化石．脳容量は小さいが，手と足の形が現代人に近いことからホモ属に認定．「器用なヒト」（ホモ・ハビリス）と命名された．

が頭骨の中央にあり，骨盤や大臀筋の付着部の形状，足首の関節，肩甲骨などが人間によく似ていて，地面に手をつかずに二足で歩いていたと考えられたからである．

やがて，1959年にルイス・リーキーがタンザニアのオルドヴァイでアウストラロピテクスの仲間ジンジャントロプス・ボイセイ（現在はパラントロプス・ボイセイと分類されている），翌1960年に人類の直接の祖先ホモ・ハビリス（図1・6）を発見すると，いよいよ人類発祥の地はアフリカであることがはっきりしてきた．それまでに北京やインドネシア各地で次々に人類の古い化石は発見されていた．しかし，アフリカ以外の場所で見つかった化石は150万年以上前に遡ることがなかったからである．

ハビリスやアウストラロピテクスは175万年前の地層から発掘されていた．ハビリスがなぜホモと名づけられたかというと，脳容量が600ccをわずかに上回っており，ゴリラの脳（450～500cc）より大きかったことと，明らかに加工されたと思われる石器（オルドワン式石器）が出てきたからである．当時，道具を製作して使用するのは人間だけであり，高い知性と文化の証拠と見なされていたため，人間の直系の祖先にふさわしいと考えたわけである．

以後，人間の古い祖先はアフリカで続々と発見される（図1・7）．1974年にはエチオピアで320万年前のアウストラロピテクス・アファレンシスが発掘されたのをはじめ（図1・8），1994年には440万年前のアルディピテクス・ラミダス，1995年にはケニアで410万年前のアウストラロピテクス・アナメンシスが発見された．21世紀のはじめにはエチオピアで580万年前のア

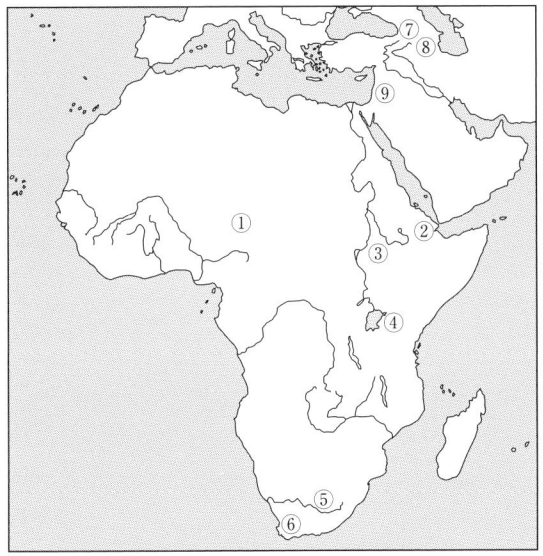

図1・7 アフリカと中東の人類化石の発掘地[1-11)]
①：トロスネメラ（サヘラントロプス・チャデンシス）
②：アラミス（アルディピテクス・ラミダス）
　　ミドル・アワシュ（アルディピテクス・カダバ，ホモ・サピエンス）
　　ハダール（アウストラロピテクス・アファレンシス）
　　ブーリ（アウストラロピテクス・ガルヒ）
③：アリア・ベイ（アウストラロピテクス・アナメンシス）
　　ナリオコトメ（ホモ・エレクトス）
　　ツゲン・ヒル（オローリン・ツゲネンシス）
④：ラエトリ（アウストラロピテクス・アファレンシス）
　　オルドヴァイ（ホモ・ハビリス，パラントロプス・ボイセイ）
⑤：スワルトクランス（パラントロプス・ロブストス）
　　タウング（アウストラロピテクス・アフリカヌス）
⑥：ブロンボス（ホモ・サピエンス）
⑦：ドマニシ（ホモ・エレクトス）
⑧：シャニダール（ホモ・ネアンデルターレンシス）
⑨：アムッド，タブーン（ホモ・ネアンデルターレンシス）
　　スフール，カフゼー（ホモ・サピエンス）

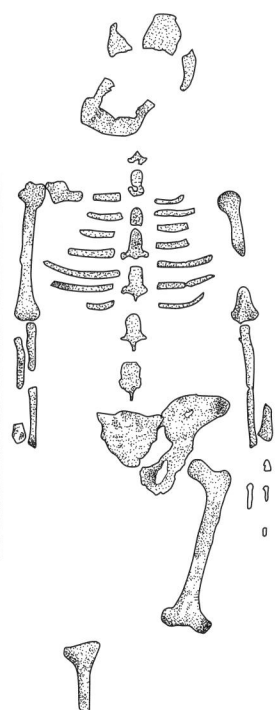

図1・8 「ルーシー」の骨格

1974年，エチオピアのハダールでドナルド・ジョハンソンらが発見した女性の化石．全身骨格の約40％がまとまって見つかり，直立二足歩行をしていたことが明らかになった．約320万年前と推定され，アウストラロピテクス・アファレンシスと命名された．

ルディピテクス・カダバ，ケニアで 600 万年前のオローリン・ツゲネンシス，チャドで 700 万年前のサヘラントロプス・チャデンシスと，年代はどんどん古くなっている．しかし，どんなに古い化石でも大後頭孔の位置や大腿骨の形状から，直立二足歩行をしていたと推測されている．

　これらの発見によって，人類がまず何を進化させたのかという謎は解けた．長らく考えられていたように，人間はまず脳を大きくして知性を発達させたのではなく，二足で立って歩き始めたのである．類人猿並の脳をもち，移動様式を変えた人間の祖先はいったいどんな暮らしをしていたのか．現生の類人猿の生態や社会を比較することが，にわかに重要になってきた．

1・3　人類学と生物学の分離

　アフリカでアウストラロピテクスやホモ・ハビリスを発見したダートやリーキーは，現生の類人猿を研究する重要性に早くから気づいていた．二人は野生の類人猿調査に資金を投じ，若い研究者をアフリカの奥地へと送り込んだ．とくにリーキーは，ジェーン・グドール（チンパンジー），ダイアン・フォッシー（ゴリラ），ビルーテ・ガルディカス（オランウータン）という 3 人の女性を類人猿の研究者として育てたことで有名である．彼女たちは「リーキー 3 姉妹」と呼ばれ，それぞれの類人猿を対象にして辛抱強い調査を続け，輝かしい業績を残した．

　ほぼ同時期に，日本の霊長類学者たちもアフリカで類人猿調査を開始した（図 1・9）．1948 年にニホンザルの研究をはじめた京都大学の今西錦司と川村俊蔵，伊谷純一郎，河合雅雄らは，10 年に及ぶ研究成果をもとに人類の進化を解明するための次なる目標をゴリラに定めた．そして，日本モンキーセンターによって組織された第一次類人猿調査隊として初めてアフリカの土を踏んだ今西と伊谷は，1958 年に中央アフリカのヴィルンガ火山群でリーキーによって派遣された欧米の研究者と出会うことになったのである．1960 年に伊谷が単身タンガニーカ湖畔にチンパンジーの調査地を求めて訪れたとき

図1・9 今西錦司と調査隊
上：ムハブラ山で今西とゴリラのトラッカーを務めたルーベン（京都大学総合博物館提供），下：マケレレ大学が管理するコリアス・キャンプの前での記念撮影（京都大学霊長類研究所提供）．左から農耕民チガ人のエフライム，エリック，伊谷，狩猟民トゥワ人のルリサ・カゲシャ，ギショー・ギショゲ，バクワテ少年．

も，リーキーが派遣したジェーン・グドールにゴンベで初めて出会っている．これらの出会いを契機にして，類人猿の野外研究は欧米と日本でしのぎを削る時代を迎えることになった．

　しかし，当時霊長類学はまだ人類学の分野として確立されてはいなかった．リーキーや今西たちの試みは従来の人類学としては常識外れだった．19世紀以来，生物学は人間を対象とせず，人類学は人間の文化や社会のみを扱うように両極化していたからである．進化論が登場した時代，ダーウィン以外にも人間以外の動物に社会を認めようとする学者はいた．1877年に『動物社会』を著したエスピナスは，社会を生物の体を構成する器官のような有機的なつながりをもつものと見なした．社会学を創始したコントも，社会を生物の仕組みに類似したものと見なしていた．

だが，人類学者たちの興味は人間社会の由来を探ることではなく，文明と未開を対比させ，すべての人間社会に普遍的な特徴と進化した特徴を見出すことにあった．19世紀末に進化論を取り入れて人間や人間社会を遅れたものと進んだものとに分類する考えは「社会進化論」と呼ばれ，欧米の植民地支配を正当化し，優生学や人種主義など誤った人間観をもたらした．人間の形質や社会の違いを自然選択によって造り上げられたと見なし，それを自然の摂理として解釈したからである．20世紀になると，ある文化の価値観で他の文化を論じることはできないとする文化相対主義によってこれらの考え方は批判され，人間社会の比較に生物学的な考えを導入することに否定的な意見が多くなった．ナチスドイツに利用されてユダヤ人の大虐殺につながった優生学や人種主義は第二次世界大戦後に見直され，ユネスコによって人種概念の再検討が行われた．その結果，人種概念を社会，文化，精神特徴について適用してはならないことが提唱されるにいたった．現在では，生物学的に人種概念そのものが否定されている．

　人間の文化や社会に対する考えに生物学を安易に適用する方法が大きな批判にさらされたことによって，文化人類学者や社会人類学者の生物学への関心は急速に途絶えた．生物学者も人間を研究の対象にすることをやめ，20世紀に新しく興った動物行動学や生態学も人間を対象に含むことはなかった．人間の探求は人文科学，人間以外の生物の研究は自然科学で行うという暗黙の了解ができていったのである．古い人類化石の発掘は細々と続いてはいたが，自然科学としての人間の研究は人間の生理や形態を扱う形質人類学や人類遺伝学の分野にほぼ限られることになった．

　このように人間に関する学問が二極化する状況の中で，新しい学問分野が自然科学として登場した．それは人間に近縁なサルや類人猿を研究対象とする霊長類学で，日本の動物学者たちが先鞭をつけた．第二次世界大戦後の敗戦の傷跡がまだ生々しく残る日本で，新しい学問の創造がなされたのである．それは，日本の生物学者たちの類まれな発想と，欧米に生息しないサルが日本全国に野生のままに暮らしていたという自然環境が，首尾よく結びついて

生まれた学問だった．

1・4　霊長類学の誕生

　日本の霊長類学は，野生の霊長類を一頭ずつ個体識別し，個体間の交渉を記述するフィールドワークとして始まった．それを創始したのは今西錦司をはじめとする京都大学の研究者だった．学生時代にアルピニストとして頭角を現した今西は，日本アルプス，樺太の東北山脈，朝鮮の白頭山などに登頂し，内蒙古へ遠征をするなどの探検を重ねた．そして第二次世界大戦の開戦直後に書き下ろした『生物の世界』(1941) がその後の霊長類学の理論的な土台となった．戦争に召集されることを覚悟した今西が「遺書のつもりで書いた」本であり，生物社会の成り立ちを構想する新たな学問の船出を期するものであった．

　大学院生時代に，京都の加茂川で4種類のヒラタカゲロウが，川岸から流心にかけて流速に対応した分布をしていることを発見した今西は，これを「棲み分け」と名づけた．『生物の世界』はこの棲み分け理論を発展させたものだった．今西は，生物は環境をはなれては存在しえないとし，環境とはそれぞれの生物が認識し同化した世界であると考えて，これを「生活の場」と呼んだ．この考え方は，同時代に生きたドイツの動物学者ユクスキュルの「環世界」に類似している．ユクスキュルも，動物たちはまわりの環境の中から自分にとって意味のあるものを認識し，その意味のあるもので自分たちの世界を構築していると見なしていたからだ．しかし，ユクスキュルがそれぞれの動物の「環世界」を知ろうとしたのに対し，今西は多くの種が共存していることに注目した．種とは同じ生活力あるいは同じ生活内容をもった個体の集まりであり，それぞれの個体が環境に主体的に働きかけた帰結として棲み分けという現象が生じる．これは，ダーウィンと同じく自然を物ではなく働きとして見る考え方ではあるが，ダーウィンがそこに個体間の競合を，今西は共存を見た点が異なる．また，今西は個体ではなく種こそが進化の主体で

あると見なしたために，進化論として大きな不評を買った．現代の進化論では，子孫を多く残す個体の形質が淘汰を経て生き残っていくと考えられているからである．

　だが，今西が追求した「種の社会がどのように進化するか」という問いは，日本の霊長類学を発展させる上で大きな貢献をした．当時，社会とは人間だけに認められるものと考えられていた．言葉をもち，それによって表現される意識と文化をもつ人間だけに，社会を認めるという考え方が一般的だった．言葉をもたない動物たちは本能のままに集まり，名をもたぬものたちの集合として無意識に行動していると見なされた．今西は，人間の社会は突然出現したのではなく，言葉をもたぬ動物の社会から進化したはずだと考えた．そして，もし，人間以外の動物に社会を認めるなら，あらゆる生物に社会を認めるべきだと主張した．進化とは種の社会の棲み分けの結果だと見なした今西にとって，この考えは当然の帰結だった．このため，今西の進化研究の指針は，欧米の学者のように「種に固有の個体の形質を環境との関わりのもとに調べる」のではなく，「種に固有の社会の性質とその変化のプロセスを調べる」ことになった．人間に近縁な霊長類社会の比較研究は，そのまま人間の社会の起源を探る試みへとつながっていたのである．

　第二次世界大戦中に蒙古に派遣された今西は，野生のウマに魅せられ，戦後1946年には宮崎県の都井岬で半野生ウマのフィールドワークを開始した．それぞれのウマに名前をつけて，ウマたちの社会交渉を記録し始めた今西は，1948年に学生の川村俊蔵や伊谷純一郎と野生のサルの一群に出くわし，サルの研究を決意する．サルの群れのほうがウマの群れよりもはるかに複雑な構造をもっており，人間の社会につながる特徴の発見を予感させたからだった．川村と伊谷はさっそく日本全国を歩いて野生ニホンザルのフィールドワークに適した場所を探し歩き，宮崎県の幸島と大分県の高崎山でサツマイモや麦などをまいて餌付けを始めた．個体識別が可能なほど近くですべてのサルを観察できる条件を整えようと考えたからである．

　1951年に今西は『人間以前の社会』を著して，クラゲやヤドカリの社会

から，クモ，アリ，ハチ，鳥類や哺乳類にいたるまで多くの種の社会を比較し，人間社会の由来を模索している．そして，人間以前の社会では共同的な群れ生活と排他的な家族生活との矛盾が不可避の問題として現れることを指摘した．多くの哺乳類は家族生活を簡易化させて集団生活を重視する社会性を発達させた．今西は，人間の社会は家族を基本的な社会単位としてその上に集団を組み直したところに特徴があると考えた．19世紀以来，人間家族の進化や普遍性を追い求めた社会人類学者たちの問いに，霊長類の比較社会学から答えを出そうとしたのである．今西は人間家族が成立する条件は，①インセスト・タブー，②外婚制，③男女の分業，④近隣関係であると考えた．最初の三つの条件は，レヴィ＝ストロースやマードックなど同時代の社会人類学者の説とよく似ている．④の近隣関係とは複数の家族が集まって密接な関係を保つ地域社会の存在を想定しており，人間社会では家族生活と群れ生活の矛盾が解消されていることを示唆していた．

　1952年には，幸島と高崎山で相次いでニホンザルが餌付けされ，餌場でサルたちの行動がつぶさに観察できるようになった．今西はサルの研究に比較社会学の視点を導入し，サルたちを個体識別して長期間観察する重要性を説いた．そしてその観察記録をもとにサルの社会を描き上げることを求めた．伊谷純一郎による『高崎山のサル』(1954年)や河合雅雄による『ニホンザルの生態』(1964年)はその試みの一つであった．しかし，当時の欧米の学界では，動物の社会を名前のついた個々の個体の行動によって描写するのは文学であって科学ではなかった．シートンの動物記は多くの読者に愛されたが，科学的な記録として読まれることはなかったのである．今西たちはあえてシートニアンと自称し，サルたちに名前をつけて行動記録を書いた．そのため，欧米の学者はもとより日本の学者からも動物の行動を擬人的に解釈しているとして批判された．伊谷はこれらの批判に対して，サルたちがあたかも名前をつけるようにして仲間を識別していることは明らかであり，それを無視して彼らの交渉を記述するのは人間のもつ類推の能力を閉ざすことになる，と反論している．類推は仮説を立てるために不可欠であり，その仮説は

図1・10　京都府嵐山モンキーパークで餌付けされたニホンザルの群れ

多くの事例を集めることによって実証される．それゆえ，長期連続観察が必要となるのである．こうした考えは欧米でも類人猿の研究者によって支持され，類人猿では個体に名前をつけて行動を記録する方法がフィールドワークの初期から採用された．最近ではフランス・ドゥ・ヴァールが『サルとすし職人』(2002年)で礼賛したように，日本の個体識別法と擬人主義をあえて取り入れた発想を評価する声が多くなっている．

　餌付けしたニホンザルの群れで行われた詳細な観察をもとに（図1・10），日本の霊長類学者はニホンザルの群れが順位制，リーダー制，血縁制という規則のようなものに律せられていることを発見した．サルたちは互いの優劣関係を認知し，それに従って行動している．AがBより優位で，BがCより優位ならば，AはCよりも優位であるという直線的な順位がある．群れの中心部にはリーダーのように振舞う成熟したオスたちがいて，メスや若オスたちの間に争いが起こるとそれを取り締まって静めようとする．メスたちは祖母，母，娘，姉妹といった血縁関係にある仲間と固まって暮らしており，仲間が攻撃されれば助けようとする．伊谷や河合はこうしたサルたちの態度を見て，そこに制度とも呼べる規則が存在していると考えたのである．

　川村俊蔵は，大阪府箕面で餌付けされた群れの観察から，メス間に家系順位と末子優位の法則を見出した．家系とは血縁関係にあるメスの集合で，ある家系に属するメスは皆，他の家系に属するメスより優位か劣位になる．つまり家系間に優劣の順位が成り立つ．これは，直線的な順位序列の中で娘が

母親のすぐ下に位置するためである．また，母を共有する姉妹の間では妹のほうが優位になる．これは，姉妹間の争いでは母親が常に末の妹を援助することによって起こる．メスが成長する過程でいったん出来上がった優劣順位は驚くほど安定しており，母親がいなくなっても妹は姉に対して優位であり続ける．敵対的交渉において，メスが決まった血縁者を支援する傾向をもつためと考えられる．家系順位と末子優位は「川村の法則」と呼ばれている．

川村の法則は，幸島，高崎山，嵐山など他の餌付け群でも認められることが確かめられた．小山直樹は嵐山のサルの群れが二つに分裂する過程を観察し，上位の家系と下位の家系が分かれて起こったことを報告した．面白いことに，オスは二つの分裂群の間をしばらく行き来した後，自分の出身ではないほうの家系グループに加わった．オスは血縁関係にないメスのいるグループを選んだのである．ここには，オスが血縁者との交尾（インセスト）を避けるように動いたことが示唆されている．

1・5　自然群の研究が明らかにしたこと

餌付け群の研究は次々に新しい発見をもたらし，ニホンザルの行動はマスコミにも紹介されて人々の注目を集めるようになった．大分市はいち早くサルのもつ観光的価値に着目し，高崎山に野猿公園をつくって，餌場にサルを集めて観光客が観察できるようにした．やがて多くの観光客が高崎山を訪れるようになり，この成功を耳にして全国各地でサルを観光目的で餌付けしようという動きが高まった．1970年代には37か所もの野猿公園が経営されていたのである．今では，高崎山，嵐山，志賀高原の地獄谷など数か所が残っているに過ぎない．いったい何が野猿公園を廃止に追い込んだのか．

それは，第一に餌付けによってサルたちの栄養状態が好転し，出産率の増加と死亡率の低下によって個体数が急増したことがあげられる．餌付け当初160頭あまりだった高崎山の群れは年平均1.1倍の増加率で増え続け，13年後には1000頭を超えた．全国各地で餌付けされた群れは数十頭の比較的小

さな群れだったが，いずれも10年余りで100頭を超えている．餌付けを担当していた観光会社や市町村は，個体数の増大とともに膨れ上がる餌代の工面に苦慮するようになったのである．第二の問題は，大きくなった群れが次々に分裂して群れの数を増やし始めたことである．分裂した群れは二度と一つになることはなく，互いに反発した関係を維持し続けた．おかげで一つの餌場に二つの群れを引き止めておくことが難しくなり，一方の群れが餌場を離れて広く遊動するようになった．いったん人間の餌になれた群れが山にもどることはなく，道路上をうろついて観光客に餌をねだったり，畑の作物を荒らすようになった．折りしも，日本全国で大規模な広葉樹林の伐採と針葉樹の植林によってニホンザルが生息地を奪われ，いっせいに畑荒らしを始めており，餌付けされた群れが畑に出てくることにも農家から非難が集中した．餌代や農家の被害への補償などで費用がかさみ，観光事業として採算が取れなくなったのである．

　餌付けされた群れがニホンザルの自然の姿かどうか，ということにも疑念が出るようになった．魅力的な餌が大量にまかれる餌場では，餌をめぐってサルたちの間で敵対的な交渉が頻発する．その結果，強いサルが餌を独占し，サルたちの間に明確な順位序列があるように見える．しかし，自然状態ではサルたちの食物は分散しているし，さまざまな種類がある．たとえ優位なサルにある食物を独占されても，場所を変えたり，別の食物を探せば競合することはない．本来，野生のニホンザルの生活の大半は自然の多様な食物を探して食べ歩くことである．餌付け群のように，わずかな時間で腹を満たし，ほとんどの時間を仲間との付き合いで過ごすことなど，自然群ではありえないことなのではないか，という意見が出てきたのである．

　また，餌付け群でも当初の予想を裏切る現象が観察された．高崎山で観察をはじめた頃は，オスもメスも多くは生涯にわたって一つの群れで生活するものと考えられていた（図1・11）．時折，群れに所属しないヒトリザルを見かけたが，それは順位をめぐる抗争に敗れて群れを追われたオスと見なされた．オスたちは成長するといったん群れの周辺部へと追いやられ，それから

力をつけて他のオスたちとの闘いに勝ち，中心部へと順位を上げてくると考えられたのである．ところが，観察が進むと，若いオスたちが次々と群れを出て行くことがわかった．しかも，最優位のオスまでが，他のオスに地位を乗っ取られたわけでもないのに，群れを去ることが判明したのである．代わりに何頭かのオスが毎年群れに入ってくる．オスにとって群れは生涯を過ごす器ではなく，一時的に身を寄せるところだったのである．ニホンザル研究の初期に餌付けされた群れがほとんど隣接群をもたずに孤立していたために，オスが複数の群れを渡り歩くということがなかなか理解できなかったのだ．

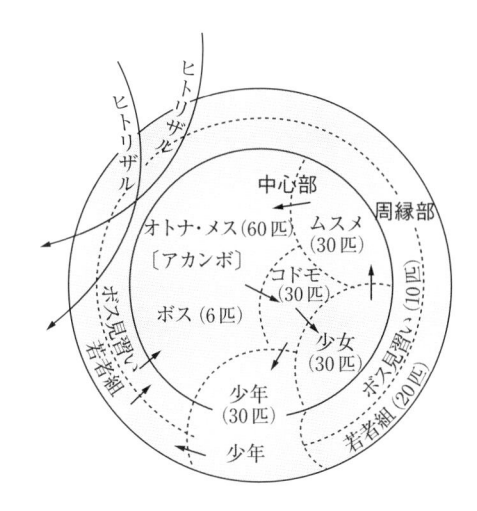

図1・11 高崎山の群れの社会構造[1-6]
群れの空間的布置構造としてリーダーやメスたちがいる中心部とナミオスたちがいる周辺部があると考えられた．

　自然群の研究はまず積雪地で始められた．森の中はうっそうとしていて，人になれていないサルを追跡することも観察することもできない．見晴らしのいい雪原にいるサルを遠くから双眼鏡で観察することで，自然に生きるサルの行動を観察することができたのである．下北半島，白山，志賀高原などで冬季のサルの観察が進み，自然群では個体間の優劣の差があまり目立たないことが明らかになった．ボスやリーダーのようなオスの存在も疑問視されるような遊動生活が報告されるようになった．オスが若いうちに生まれ育った集団を出て，まず近隣の群れに加入し，それから他の群れへ移ったり単独生活を送ったりしていくこともわかってきた．複数の群れが地域に集まって，遊動域を一部重複させながら共存し，オスが群れを渡り歩くことが野生ニホンザルの本当の姿であると考えられるようになった．

────────── :未確認　　　＋：死亡　　　／：群れを離脱

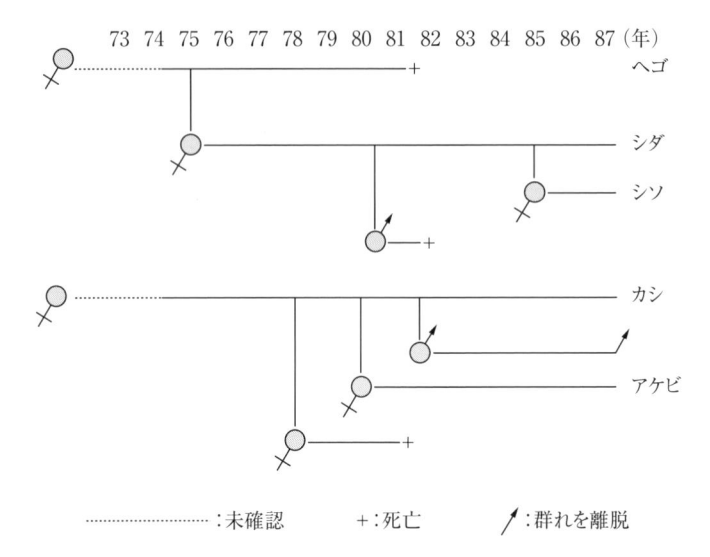

図1・12　屋久島西部林道で人付けされたムルソウ群の家系図の一部
　子供は1年おきに生まれ，死亡率も高い．オスは5歳頃に群れを離脱する．ムルソウとは群れで第1位のオスの名である．

図1・13　屋久島のニホンザル

1970年代には，ニホンザルの分布の最南端の屋久島で自然群の研究が始まる（図1・12，図1・13）．屋久島の低地を覆う照葉樹林は林床植生が貧弱で，雪が降らなくてもサルの観察がしやすいという利点があった．猿害の発生を考慮して，調査地は人里から遠く離れた場所を選び，餌付けをせずにサルの群れを追跡する手法がとられた．屋久島は1952年に伊谷と川村が予備的な調査を行った場所である．そのとき伊谷は，屋久島のニホンザルの群れが小さく，それぞれの群れが小さな遊動域をもって敵対していることに注目していた．1970年代に人付けによって観察が進み，屋久島の自然群の様子がしだいに明らかになってくると，伊谷が指摘した特徴が屋久島に広くあてはまることがわかってきた．他の地域に生息するニホンザルの群れは平均して50〜70頭，5〜30平方キロメートルの遊動域をもつ．屋久島では平均20頭前後で，50頭を超える群れはまれである．遊動域も1平方キロメートル以下と小さい．なぜこんな違いが起こるのだろうか．

そのうち，屋久島で観察していた群れが分裂し，なぜ小さな群ればかりなのかという疑問を解く鍵が見つかった（図1・14）．それまで観察されていたニホンザルの分裂は餌付け群ばかりで，100頭を超えてから起こっていた．メスの家系間に反発関係が高まって分かれて遊動するようになり，それぞれの家系に群れオスたちが結びつくという経過をたどった．明らかに個体数が増加して群れがまとまりを失った結果である．ところが，屋久島の群れは50頭に満たないうちに分裂した．交尾季に群れ外のオスが発情したメスと連合し，そのメスと血縁関係の近いメスや子どもたちがついて別行動をするようになったのである．屋久島では交尾季になると，群れオスの10倍を超える群れ外のオスが一つの群れの周りに現れる．これは，非交尾季に群れにいたオスが交尾季に群れを出て，他の群れへ交尾の機会をうかがいに訪問して歩くせいである．果実が豊富に実り，冬季にも果実や落下種子といった栄養価の高い食物が得られる屋久島では，それぞれの群れが広い範囲で食物を探し回る必要はない．その反面，栄養価の高い食物をめぐってサルの個体間，群れ間の競合が高く，小さな群れサイズで分裂するのではないかと思われる

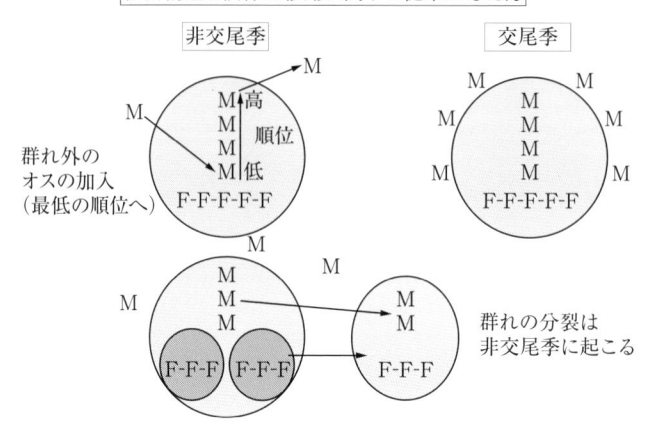

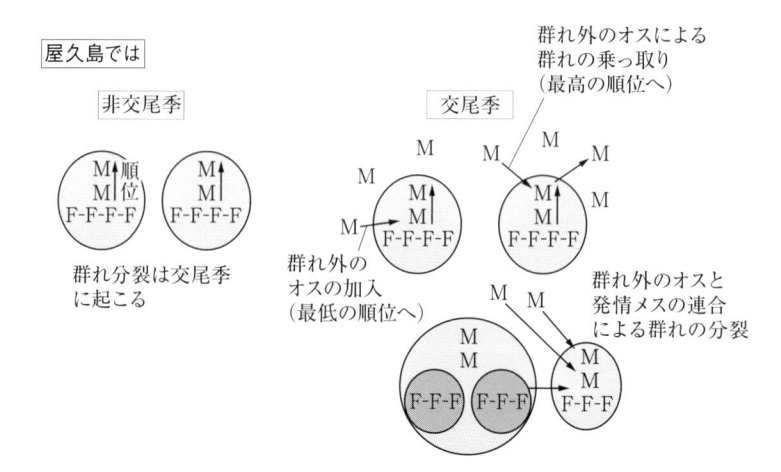

図1·14　屋久島のニホンザルの社会構造と個体の移動

M：オス，F：メス．従来，群れ外のオスは最も低い順位で群れに加わり，群れの分裂は非交尾季に起こると考えられていた．ところが屋久島では交尾季に多くの群れ外オスが出現し，中には最高位で入群して群れを乗っ取るオスがいたり，分裂が交尾季に群れ外オスによって引き起こされることがわかってきた．

のである．

　このように，日本の霊長類学が食物環境の重要性に気づき始めた頃，欧米では食物の種類と分布様式が霊長類の社会性の進化に大きな影響を与えたという説が盛んに議論されていた．日本の霊長類学者は，自然群の研究を通じて欧米の霊長類学者と同じテーマに取り組み，これまでの餌付け群の成果を生かした議論ができるようになったのである．

1・6　社会生態学の考え方

　霊長類の社会性の進化に食環境が果たした役割について，大きな議論が起こったのは1980年代になってからである．リチャード・ランガムは，オスとメスの繁殖成功に影響を及ぼす要因は違うという考えに立って，なぜ霊長類は集団で暮らすようになったかを議論した（図1・15）．霊長類のメスは哺乳類の中でも妊娠期間と授乳期間が長く，子どもを繁殖可能な年齢まで育てることが大きな負担になる．一方，オスではわずかな例外を除いて熱心に子育てをする種はいない．そのため，より多くの子孫を残そうとすれば，メスは子どもを育てるのに十分な栄養を確保することが先決となる．オスは食物より多数のメスを妊娠させる機会をもつことがより重要になる．メスにとっ

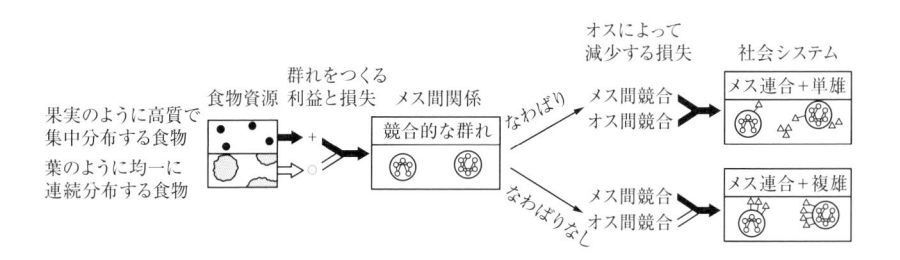

図1・15　メス間に連合をもたらす食物条件と行動圏防衛によって作られる社会システム[1-5]を改変

てはは採食戦略が，オスにとっては繁殖戦略が淘汰圧にかかり，その結果として現在の霊長類が示すさまざまな社会性が進化したというわけだ．

　この考えに基づけば，メスはオスよりも食物環境の影響を受け，メスの集合も食物の分布や量に左右されることになる．そもそもなぜ，サルたちは単独で暮らさずに，複数で集団を作るのか．ランガムは，食物資源の質が高く，独占する価値があれば，メスたちは連合してそれを守ろうとするだろうと考えた．価値の高い食物資源とは果実である．糖分を豊富に含み消化しやすい果実はエネルギー価が高く，しかも短期間しか得られないので，その時期を逃すと食べられない．一方，葉や樹皮など植物繊維は常緑の熱帯地域ではあまり季節変化がなく，均質に分布する食物資源である．消化にも時間がかかる．こういった食物を常食とするメスは仲間と連合する動機に乏しいはずである．仲間といっしょに食べれば自分の取り分が減る．しかし，相手が仲間と連合して資源を独占しようとすれば，単独では勝てないのでこちらもより多くの仲間と連合関係を作る．集団が小さければ，大きな集団に勝てないし，大き過ぎれば自分の取り分が少なくなる．すなわち，霊長類ではその種が食する食物の種類によって集団内の競合と集団間の競合のバランスが異なり，個々の取り分が最大となるところに平均集団サイズがあると考えたのである．

　ランガムは，食物資源の独占をめぐってメスどうしが連合する種をメス連合種（Female-bonded species）と呼び，こうした種ではメス間にグルーミングなどの親和的な行動が多く見られ，遊動や群れ間の出会いにおいてメスが積極的な役割を果たすと予測した．この仮説は多くの学者が注目し，さまざまな場所や霊長類種でその検証を試みた．しかし，その結果はあまり芳しくなかった．たしかに，インドに生息するシシオザルや南米に生息するオマキザルでは，メスの出産率や乳児死亡率を群れ間で比較してみると，ちょうど中間のサイズの群れで最も繁殖成績がよかった．しかし，他の多くのメス連合種では必ずしも中間のサイズが良いとは言えず，メスが遊動や群れ間の出会いに積極的とは言えなかった．ニホンザルは血縁の近いメスどうしが連

合して群れを作る．群れが分裂する際も異なる家系間でメスが分かれることが多い．まさにメス連合種と呼べる．屋久島と金華山の自然群で調べた結果，メスの繁殖成績ではランガム説に合致する傾向が見て取れた．しかし，群れ間の出会いではメスは決して積極的とはいえず，オスのほうがとくに交尾季になると積極的に群れ間の攻撃的な出会いに参加した．どうもランガムの説のようにメスが行動しているとは思えない．

　カレル・ヴァン・シャイクは，霊長類が集団を作る理由は食物よりも捕食圧にあると考えた．食物をとり損ねてもすぐ繁殖に悪影響が出るわけではないが，捕食者に捕まったら命を失う．集団生活は仲間との間に食物をめぐる競合をもたらすので，集団が大きくなるほど自分の取り分が少なくなって不利である．しかし，仲間と一緒にいるほうが捕食者に対してはずっと有利である．捕食のターゲットにされる確率は下がるし，複数の目があれば発見効率も上がる．ヴァン・シャイクは，各地で報告されていたさまざまな霊長類種の群れサイズとメスの出産率を比較し，群れサイズが大きくなると出産率が低下することを指摘した．さらに，捕食者がいる地域といない地域で霊長類の群れサイズと子どもの生存率を比較し，捕食者のいる地域でのみ，大きな群れで生存率が高くなることを発見した．捕食者に最も狙われやすいのは子どもであり，その生存率を高めるためにメスは同性や異性の仲間と連合して大きな群れをつくることが示唆されたのである．

　こうした考えに基づいて作られた生態学モデルは，食物の分布と捕食圧がメスの群居性を促進し，資源をめぐる群れ内，群れ間の競合の強さがメス間の社会関係を決定するというものである（図1・16）．社会関係には，血縁どうしが連合する「血縁びいき」，個体間にはっきりした優劣関係がある「専制的」，あまり優劣の目立たない「平等的」といったものが分類された．ニホンザルは血縁びいきで専制的な種に分類される．一方，ニホンザルと同じマカク属のボンネットモンキーやベニガオザルは平等的な種に分類される．生態学モデルは，霊長類のそれぞれの種が食物をめぐる競合のもち方によって異なる社会性を進化させたことを示唆したのである．

```
食物の分布 ─┐           オスの加入
            │              ↑
            └→ メスの群居性 ─→ 採食競合の型 ─→ 社会関係
            ↑
捕食の危険 ─┘
```

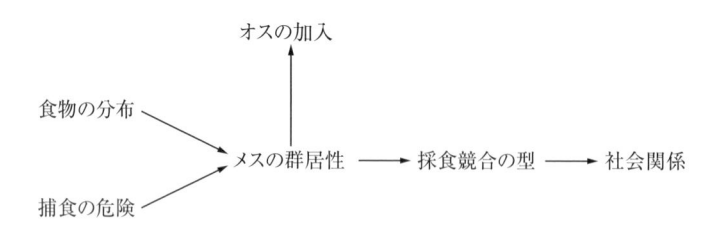

図 1・16　食物の分布と捕食の危険によってメスの連合が
　　　　形成され，採食競合の型によって社会関係が決まるとい
　　　　う生態学モデル[1-4]を改変

　このモデルに最もよく合致すると判断されたのは，アフリカ大陸に広く分布するヒヒである．ロバート・バートンたちは，ケニアの疎開林に生息するアヌビスヒヒと南アフリカの山地草原に暮らすチャクマヒヒの社会を比較した（図 1・17）．ライオンをはじめとする大型の肉食獣がいて，集中分布する果実をよく食べるアヌビスヒヒは，複数のメスとオスを含む大きな集団を作る．メスどうしはよくグルーミングをし合い，他群へ移るメスはまれである．捕食圧が強い環境は力の強いオスを含む大きな群れづくりを促進し，質の高い食物資源はメスどうしの連合形成をもたらしたと考えられる．

　一方，チャクマヒヒの生息地には捕食者は見当たらず，食物も均一に分布する草が主である．これらの条件は大きな群れもメスどうしの連合関係も促進しないので，メス間関係はルーズである．それぞれのオスが少数のメスを集めて単雄複雌群を作り，メスは時折他群へ移籍する．メスどうしのグルーミングもあまり見られない．

　エチオピアの高原に暮らすマントヒヒは，チャクマヒヒのような単雄複雌群をつくるが，さらにその単雄複雌群が複数集まってバンドと呼ばれる大きな集団になる．断崖の泊まり場では，複数のバンドが集まってトゥループと呼ばれる大集団を形成することもある．バートンたちは，この社会が捕食圧が高く，質の低い食物が均一に分布するという環境条件によって生み出されたと考えた．食物をめぐる競合が低いのでメスの強固な連合は生まれず，捕食者へ対抗する手段として単雄群が集まってより大きな群れをつくるように

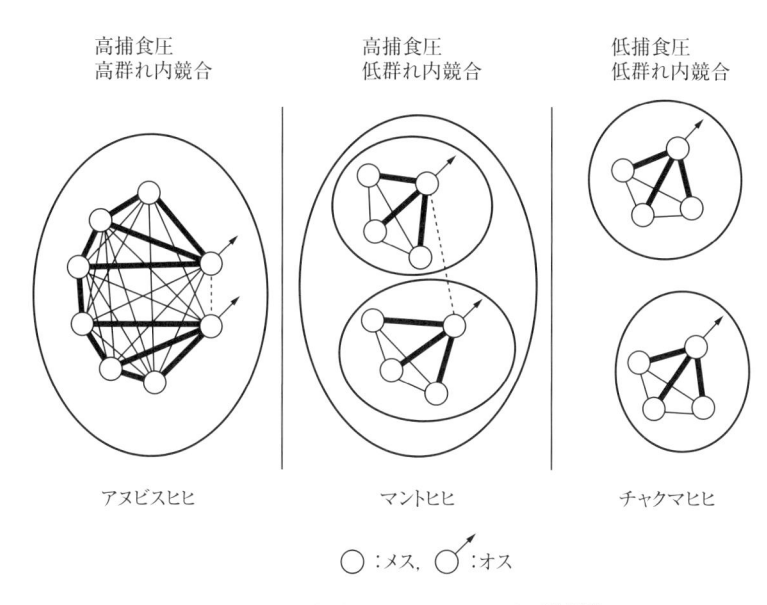

図1·17 ヒヒ属の社会生態学的進化モデル[1-1]を改変
線の太さは連合の強さを示す．楕円は群れを示す．

なったと考えたのである．もともと森林性だったヒヒの祖先は，アヌビスヒヒのような複雄複雌の集団構造をもっていた．それがチャクマヒヒのように捕食者の希薄な草原性の山地へ，あるいはマントヒヒのように捕食者のいる草原性の山地へと進出することによって，前者は単雄群へ，後者は単雄群がいくつも集まった重層社会へと発展した．バートンたちはヒヒ類の社会構造の多様性を生態学的適応の結果として描き出したのである．

ところが，南アフリカのさまざまな生息地でチャクマヒヒの社会を調べたピーター・ヘンジーとルイーズ・バレットは，環境の違いに社会の特徴が対応していないことを指摘した．ニホンザルと同じように雑食性のチャクマヒヒは，環境条件が違えばそこにある多様な食物を食べて暮らしている．豊富な果実を食するヒヒもいれば，草ばかり食べているヒヒもいる．それならば，それぞれの生息地で主食とする食物の分布様式によって，チャクマヒヒの社会性に違いが見られてもいいはずだ．ところが，森林で暮らすヒヒも草原や

湖畔で暮らすヒヒもみな同じように単雄複雌の集団で暮らし，メスどうしの連合が弱いといった共通な特徴をもっていた．この結果は，現在の食環境がチャクマヒヒの社会構造や社会関係に強い影響力をもっていないことを示している．ヘンジーとバレットは，現在のチャクマヒヒの社会性は過去に経験した生態条件によって作られたと推測した．しかし，それはどういった環境条件で，いったいどのくらいの期間にわたってそれを経験すれば現在のような社会性が確立されるのか，具体的には不明ということなのである．

　マカク属に見られる社会関係の多様性にも，環境条件ではなく系統的な類似性が指摘されている（図1・18）．ヒヒと同じくマカクも多様な環境に広い分布域をもち，多くの種に分かれているが，生息域の特徴ではなく系統的な近さによって社会関係が類似している．ニホンザル，タイワンザル，アカゲザルは系統的に近く，メスが血縁びいきで専制的な社会関係をもつ点でもよ

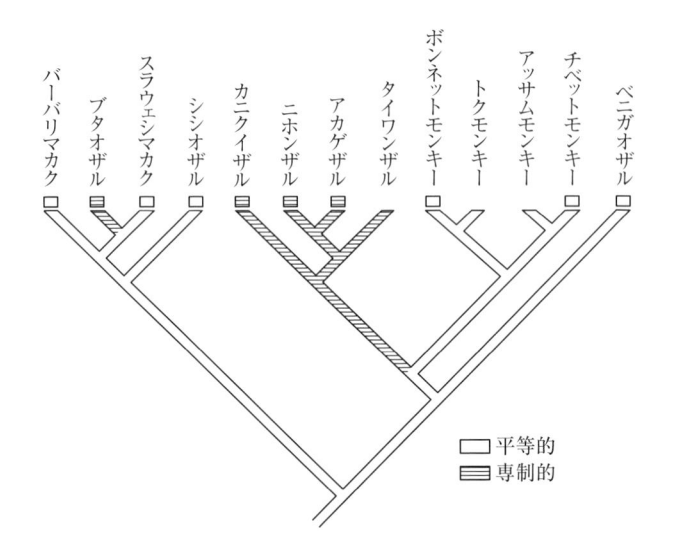

図1・18　マカク属の各種におけるメスの優劣関係と系統的な類縁関係[13]
　　専制的とはサルどうしが厳格な優劣関係を認知して行動する傾向，平等的とは行動に互いの優劣関係があまり反映されない傾向をさす．

1·6 社会生態学の考え方

く似ている．一方，別の系統群であるボンネットモンキー，シシオザル，ベニガオザルは平等的な社会関係を示す．両者の違いは生息環境が似ていても一貫している．このことから，マカクの祖先型は平等的な社会関係をもっていて，専制的な社会関係は後から進化したと松村秀一は推測している．

社会構造の系統的な類似性は，1972年に伊谷純一郎が出した仮説でも強調されている（図1·19）．伊谷は，霊長類が夜行性から昼行性へと進化する過程で，単独生活から集団生活へと社会を発展させたと考えた．その基となるのはオスとメス一対のペアからなる単婚の構造で，これは夜行性の種にも昼行性の種にも見られる．そこから哺乳類の一般的な特徴である母系の社会と，類人猿と南米にすむクモザル亜科に特徴的な父系の社会という二つの進化の道を霊長類は歩むことになった．ここでいう母系，父系というのは文化

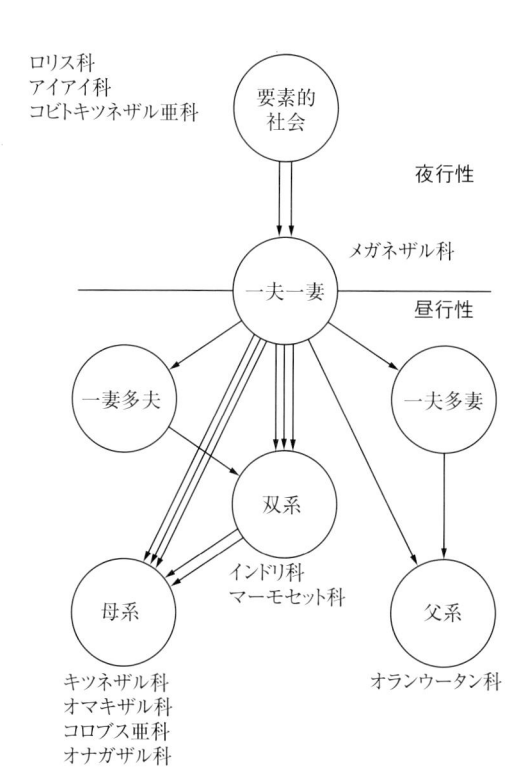

図1·19 霊長類の社会構造の系統的な類似性[1-7, 1-8]
伊谷は，夜行性で単独生活をする要素的社会から一夫一妻型の社会を経て昼行性で継承性のない一妻多夫，一夫多妻の社会へ，さらに継承性のある（どちらかの性の子どもが生涯群れに残る）双系，母系，父系の社会へと進化したと考えた．

人類学の用語ではなく，単に生まれ育った群れに残って伝統を引き継いでいく性によって区別される継承性のことである．ニホンザルのようにオスだけが群れ間を渡り歩き，メスは生涯群れを離れない社会は母系である．逆に，オスは群れを離れず，メスだけが群れを渡り歩くチンパンジーの社会は父系である．メガネザルやテナガザルのようなペア社会は，子どもたちが成熟するとすべて群れを出てしまうので，群れは親から子へと継承されることはない．複数のオスとメスが共存する群れでも，子どもたちがオスもメスも群れを離れてしまうような性質をもっていれば継承性は保証されない．伊谷はこれらの継承性のない社会から継承性のある社会が進化したと考え，その原動力となったのはインセストを回避する機構だと予測した．どちらかの性の個体が長く群れにとどまらなければ，血縁関係の近い雌雄が交尾をする機会は少なくなる．それを確実にするために母系，父系という社会構造が進化したと見なしたのである．

だが，伊谷の仮説は社会生態学が主流の欧米ではあまり受け入れられなかった．ダーウィンの考えに基づけば，進化は環境の制約と個体の繁殖努力との相互作用の中で起こる．伊谷の仮説は環境の影響をほとんど考慮していないし，母系や父系の社会がなぜ進化したかという理由を十分に述べていないというのである．今西や伊谷をはじめ日本の霊長類学の草創期を担った研究者は，進化の動因として個体の繁殖成功をそれほど重要視しなかった．伊谷は個体の行動よりも，社会関係やそれをもたらす規則，規範といったものが進化した歴史を追い求めたため，欧米の学者と議論があまりかみ合わなかったのである．

ただ，社会関係が生態学的適応の観点からだけでは説明できないことがわかった現在，新たな視点を導入して社会を進化させた要因を探ろうという動きが出てきている．系統関係を考慮するのもその一つだが，オスによる子殺しや性的強制，他の動物種との関係，病気などがあげられる．野生霊長類の暮らしている環境は私たちが考える以上に複雑である．しかも，それは過去にさまざまな変化をとげてきた歴史をもっている．霊長類の進化を理解する

ために,私たちはまだほんのわずかな知識しかもっていないのかもしれない.

　そこで,現在の議論を紹介する前に,今までに調べられていることを基にして,霊長類が進化した舞台とそこで獲得した特徴について見てみることにしよう.

2　人類誕生の舞台

2・1　熱帯雨林とはどんな場所か

　霊長類が誕生したのは熱帯雨林（図2・1）であり，今もなお人間以外の霊長類は熱帯雨林とその周辺で暮らしている．私たち人間に具わっている数々の能力は，もとを正せば霊長類の祖先が熱帯雨林で生活するのに都合のよいように発達させたものだ．立体視の能力は野球をするためではなく，樹上で対象物との正確な距離を認識するために進化した．器用な指はパソコンやケイタイを操るためではなく，樹上で枝を握り，食物を食べられるように操作するためにあったはずである．では，そういった能力が必要な熱帯雨林とはどういった場所なのだろうか．

　熱帯雨林とは，1日のうちに1年の気温変化が経験できる場所である．つまり，気温の日較差が年較差と変わらない．季節によって変わるのは雨量だが，熱帯雨林では月間降雨量が100ミリ以下の乾季は3か月以上続かない．そのため，常緑の葉をもつ植物が多く，森林は常に緑の葉に覆われている（図2・2）．樹高の違う木がいくつもの層をなして葉を茂らせるので，地表には太陽光の1％ぐらいしか届かない．このため，林中は暗く，湿度は常に100％だが，60〜70メートルもある第1層はかなり乾燥している．光合成をする植物はこの林冠部に葉を広げる必要があるので，熱帯雨林の樹木は電柱のように枝のない幹が直立し，上のほうにだけ枝葉が茂っている．また，熱帯雨林では有機物の分解が速く，大量の雨に流されてしまうため，土壌があまり

2・1 熱帯雨林とはどんな場所か　　　　　　　　　31

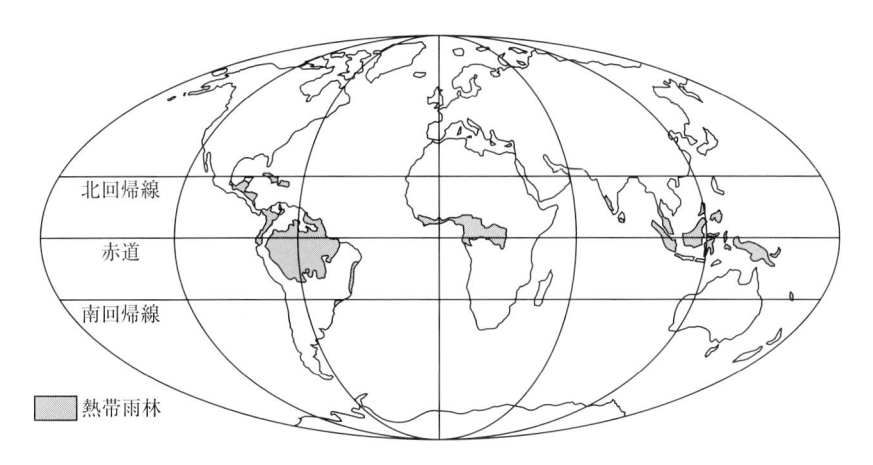

図 2・1　世界の熱帯雨林の分布

図 2・2　アフリカの熱帯雨林
　板根をもつ高木，色とりどりの果実が実り，カバやゾウなど大型哺乳類が生息する．

肥沃にならない．そのため木々は地下に深く根を下ろさず，大木であっても根は浅い．板のような根（板根）を張り出していたり，たこの足のような根（杖根）を地上部に出していることがある．こういった木々は互いに林冠部で枝を絡ませて支えあっており，大風で1本の木が倒れるとまきぞえになって数本の木が倒れ，林中に大きな穴があくことがある．これをギャップと呼ぶ．ギャップには太陽光が降り注ぐので，多くの実生が急速に成長して新しい森林の構成種をつくる．

現在の熱帯雨林は中南米に400万平方キロメートル，東南アジアに250万平方キロメートル，アフリカ中部に180万平方キロメートルの広さをもち，地球の陸地面積の3％を占めるに過ぎない．しかし，そこは全生物種の約半分が生息すると考えられているほど生物多様性の高い場所だ．昆虫だけで3000万種がいると言われているが，その多くは林冠部と林床部に生息している．植物の可食部がこの二つの場所に集中しているからで，したがってここは植物や昆虫を食する爬虫類，鳥類，哺乳類の採食場所ともなる．

熱帯雨林で生物の多様性が高いのは，太陽の放射エネルギーが強く水分が

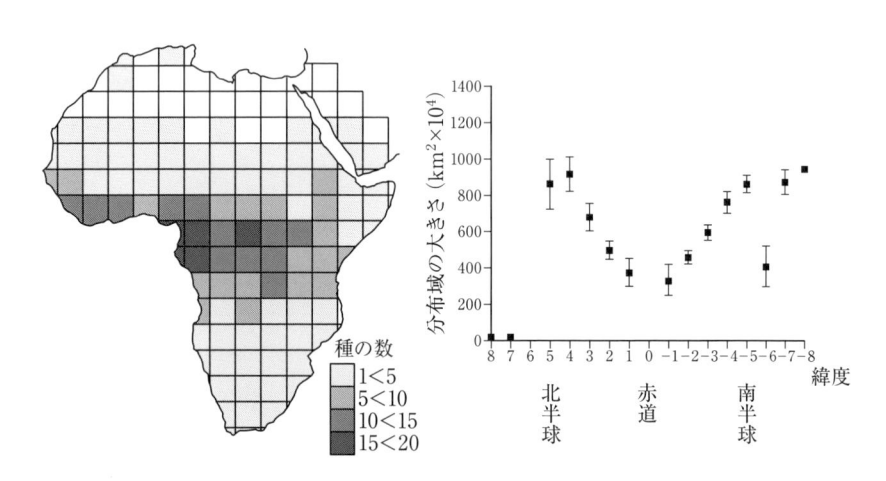

図2・3 霊長類種の多様性と分布域[2-2]
　　霊長類は赤道地域に最も多くの種が生息し，それぞれの種の
　　分布域は赤道から離れると広くなる．

豊富で生産性が高いためである．植物の種数が多ければ，動物にとっても食物や生活場所が多様になり，種分化が促進されると考えられる．実際ここでは種間の競争も激しく，絶滅していく種の数も多い．低緯度地域の熱帯雨林から高緯度地域にかけてしだいに種数が減少することは霊長類でも知られている．種数の減少にともなってそれぞれの種の分布域も広くなる傾向がある（図 2·3）．これは熱帯雨林のほうが霊長類のニッチが多様で，それぞれのニッチに種が分化していることを示唆している．

現在の熱帯雨林は大部分が被子植物で占められているが，被子植物が誕生したのは 1 億 2500 万年前の白亜紀前期である．このころはまだシダ植物や裸子植物が繁栄していた．陸地がパンゲアという一つの陸塊から，ローラシア，ゴンドワナという大陸に分かれはじめた頃である（図 2·4）．被子植物が裸子植物に代わって繁栄をはじめたのが白亜紀中期で，被子植物が優勢になって現在の熱帯雨林の原型が作られたのが新生代の初頭だったと考えられている．この頃，二つの大陸はいくつもの大陸に分裂してプレートに乗って移動をはじめる．温暖な白亜

1億2500万年前　　被子植物の出現

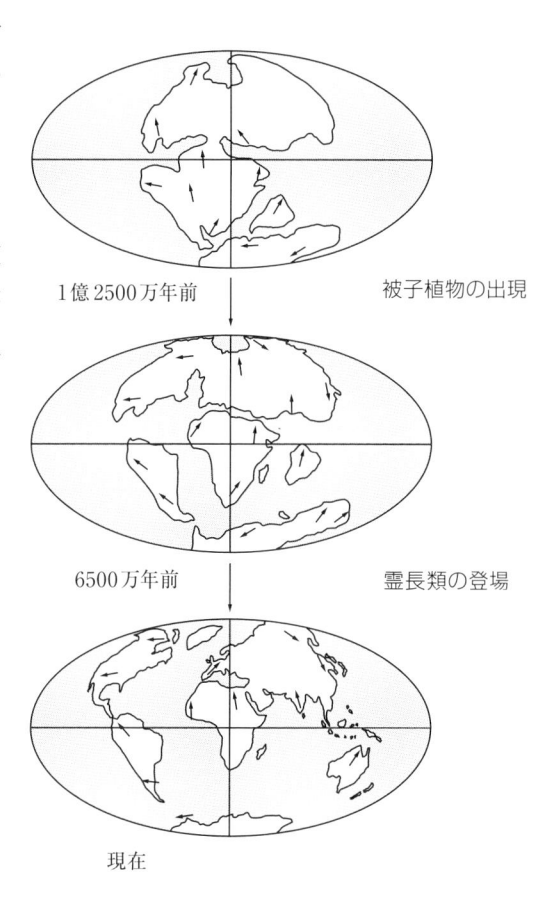

6500万年前　　霊長類の登場

現在

図 2·4　大陸移動のプロセス

紀中期には極地まで広がっていた熱帯雨林は，白亜紀末に地球を襲った寒冷化とともに赤道付近に限定されるようになった．その後も幾度となく起こった地球規模の寒冷化，乾燥化によって熱帯雨林は縮小し，断片化した．こういうレフュージア（逃避林）には，多くの森林性の動物たちが避難していたと思われる．実際，レフュージアには固有種が多く，生息する生物の種数が多い（図2・5）．レフュージアに隔離されていたために種分化が進んだと考えられるのである．

　被子植物の適応放散はある動物群の繁栄と軸を一にしている．昆虫類による花粉の運搬と鳥類による種子散布である．花粉の送受粉を風に頼る裸子植物と違い，被子植物は動物に花粉を運んでもらう．その見返りに花には蜜が用意されている．花粉を運ぶハナバチが現れたのは白亜紀中期であり，花蜜を分泌するバラ目が適応放散をはじめたのは白亜紀後期と考えられている．

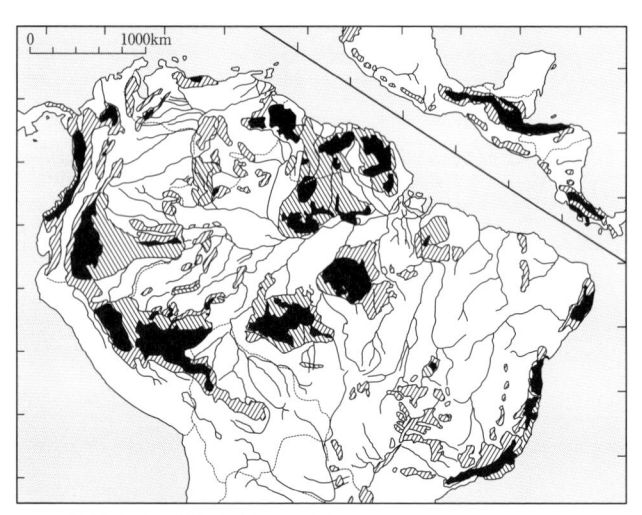

図2・5　南アメリカのレフュージアと種の多様性 [2-8)]
　　蝶類，鳥類，植物の固有種が多く見られる地域はレフュージアとよく重なり種の多様性が高くなっている．

また，ジュラ紀と白亜紀に裸子植物を食べて栄えていた恐竜が滅び，新生代には鳥類と哺乳類が適応放散する．被子植物はこれらの動物たちに種子散布をしてもらうように進化した．

　被子植物の種子散布を最初に担ったのは鳥類である．哺乳類の適応放散は鳥類の後であることがわかっているからだ．歯をもたない鳥は果実を飲み込んで遠くへ運び，生育条件のいいところで排泄する．熱帯雨林では親木の下に種子が落ちても太陽光が届かない．また，落下種子が堆積すると種子の捕食者や病原菌がはびこって実生が育ちにくい．そのため，親木から離れたところに種子を運んでもらう方策が必要になる．被子植物が発達させたのは，糖分に富んだ甘い果肉である．種子がまだ未熟なうちは渋みや毒を含んでいて，熟すると赤，黄，黒色に変わる．種子は硬く，簡単には噛み砕けないようになっている．果肉が種子からはがれにくく，種子散布者に飲み込まれやすくできているものもある．また，果肉に種子の発芽抑制物質が含まれていることもあって，種子散布者の胃を通ってから発芽するように共進化をとげたと考えられている．

　種子を動物に散布してもらうには，他に動物の体に付着して運ばれたり，種子の捕食者によって食べ残されるなどの方法がある．霊長類は種子を飲み込んで糞と一緒に排泄することが多いが（図2・6），頬袋をもっているニホンザルなどは頬袋にいったん入った果実を食べるときに種子を吐き出して散布することがある．鳥類には大きな種子は飲み込めないので，霊長類がもっぱら散布している種子もある．ガボンで見つかった *Cola lizae* はゴリラだけが散

図2・6　ガボンの熱帯雨林でゴリラの糞から芽を出した果実（*Pycnantus angolensis*）の実生

布する種子として知られている．ゾウに種子散布を頼っている，さらに大きな種子も知られている．

　現在でも種子散布の役割を果たしている霊長類は，被子植物と共進化し，被子植物の繁栄とともに適応放散したと考えられる．霊長類が被子植物から恩恵を受けたのは食物だけではない．裸子植物と違って広く枝を張り巡らす被子植物は，熱帯雨林の天蓋に安全なルートを提供し，霊長類が地上や空の捕食者から身を守るのに絶好の生活場所を形成してくれたからである．霊長類はまず，熱帯雨林の樹上で繁栄の第一歩を踏み出したのだ．

2・2　熱帯雨林における霊長類の進化

　霊長類は樹上で虫を食べる小型の哺乳類として誕生した．現在東南アジアに生息するツパイが，霊長類と最も近い存在と考えられている．最初の祖先が誕生したのは白亜期末の6500万年前，ユーラシアと陸続きだった北アメリカである．プレシアダピス類と呼ばれ，一見リスに似た小型の動物だった．おそらくツパイと同じように，虫の他に果実，種子，花などを食べて暮らす雑食生活を送っていたと考えられている．暁新世の末期にはアダピス類とオモミス類が登場し，現在の原猿類の直接の祖先となった（図2・7）．

　現在，霊長類は大きく原猿類と真猿類に分けられるが（図2・8），原猿類はアジアとアフリカ大陸にしか分布していない．最大の熱帯雨林がある南米大陸はその頃，北米大陸と独立して大洋上を移動しており，原猿類が到達できなかったからである．始新世末に真猿類がアフリカで誕生し，その一部がおそらく流木にしがみついて漂着したのが南米の霊長類の祖先となったのだろうと推測されている．

　原猿類は他の哺乳類と共通な特徴を多くもち，湿った鼻，大きな可動性のある耳，臭腺などが発達している（図2・9①）．これらの特徴は夜行生活に適していて，視覚よりも嗅覚に頼って暮らしている．例外的に，マダガスカル島に生息するキツネザル類には，体が大きく，昼行性のインドリ，シファ

2・2 熱帯雨林における霊長類の進化　　37

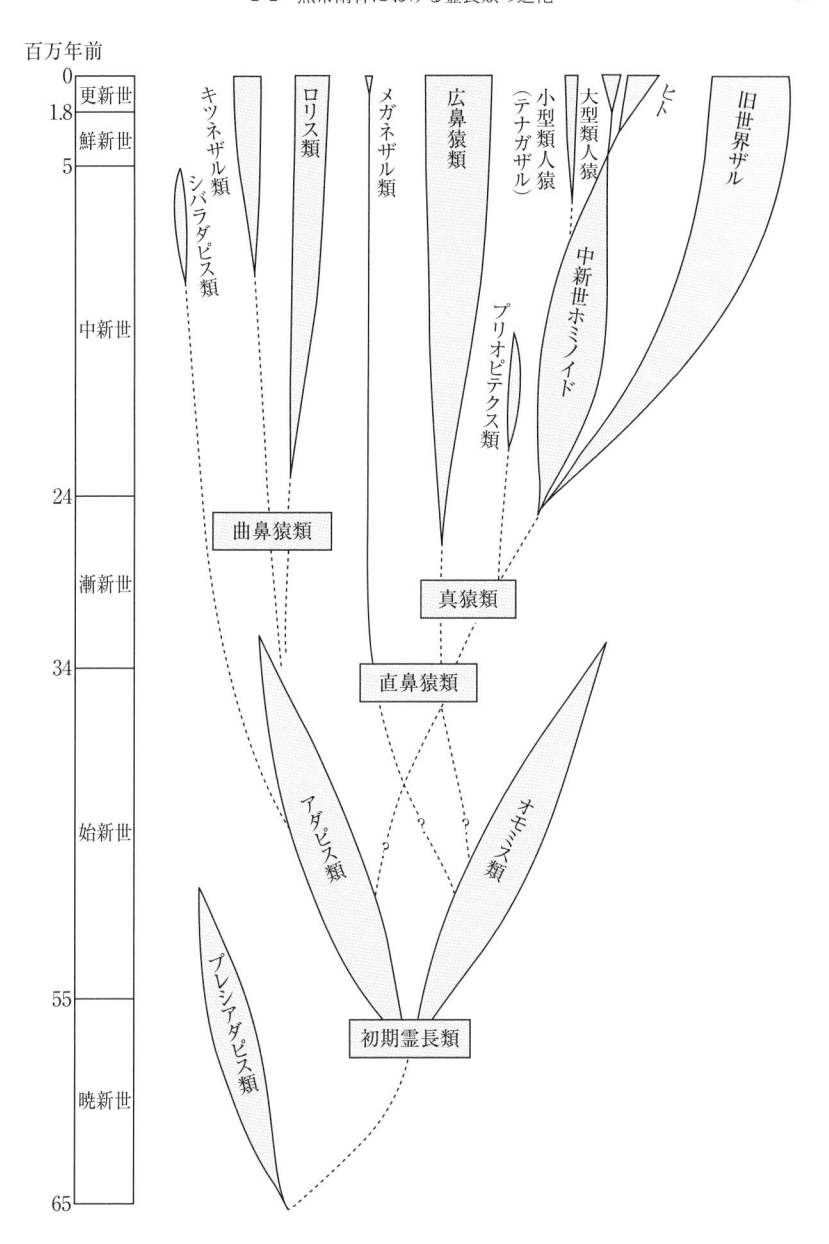

図 2・7　霊長類の進化[2-11)]を改変

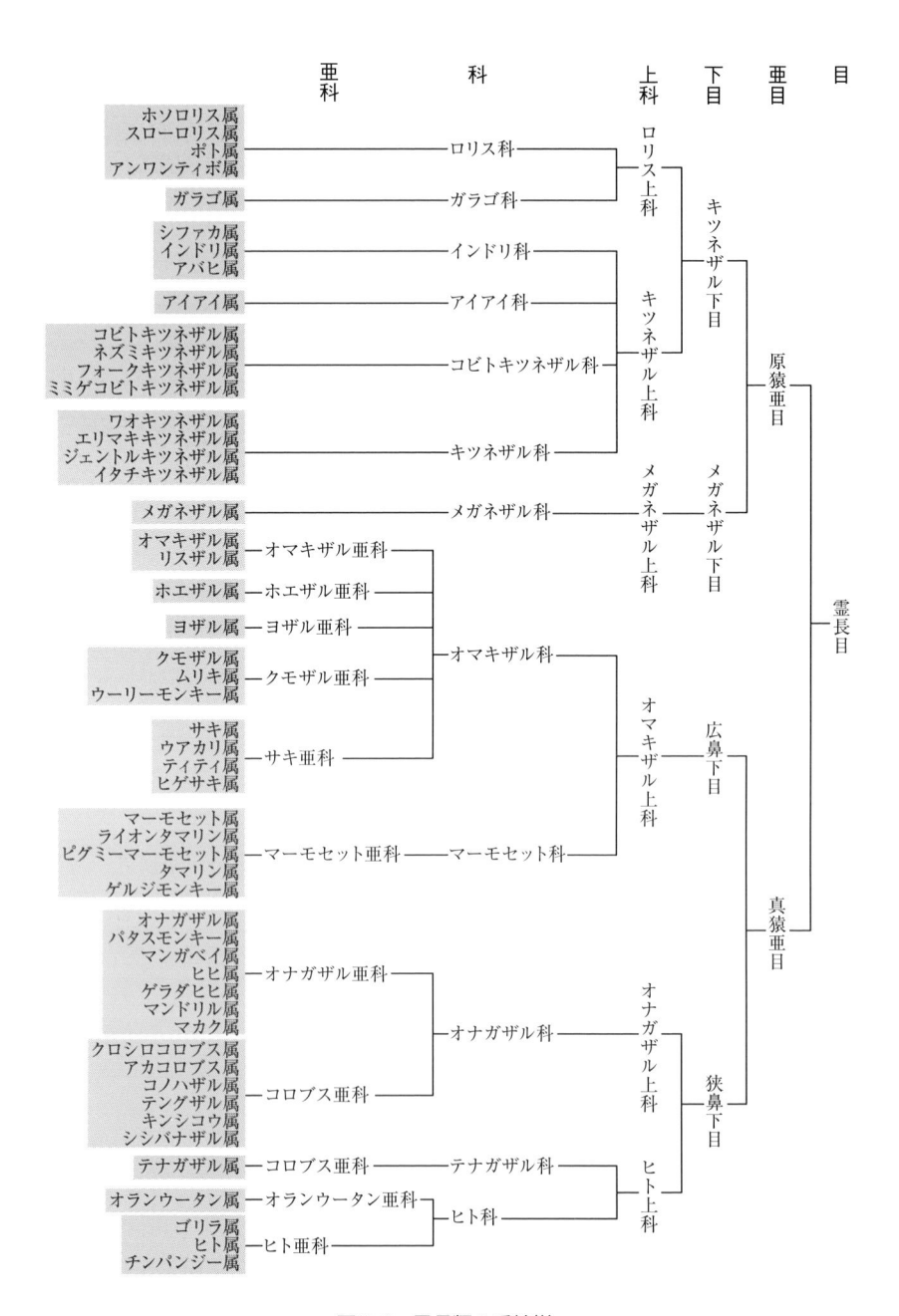

属	亜科	科	上科	下目	亜目	目
ホソロリス属 スローロリス属 ポト属 アンワンティボ属		ロリス科	ロリス上科	キツネザル下目	原猿亜目	霊長目
ガラゴ属		ガラゴ科				
シファカ属 インドリ属 アバヒ属		インドリ科	キツネザル上科			
アイアイ属		アイアイ科				
コビトキツネザル属 ネズミキツネザル属 フォークキツネザル属 ミミゲコビトキツネザル属		コビトキツネザル科				
ワオキツネザル属 エリマキキツネザル属 ジェントルキツネザル属 イタチキツネザル属		キツネザル科				
メガネザル属		メガネザル科	メガネザル上科	メガネザル下目		
オマキザル属 リスザル属	オマキザル亜科	オマキザル科	オマキザル上科	広鼻下目	真猿亜目	
ホエザル属	ホエザル亜科					
ヨザル属	ヨザル亜科					
クモザル属 ムリキ属 ウーリーモンキー属	クモザル亜科					
サキ属 ウアカリ属 ティティ属 ヒゲサキ属	サキ亜科					
マーモセット属 ライオンタマリン属 ピグミーマーモセット属 タマリン属 ゲルジモンキー属	マーモセット亜科	マーモセット科				
オナガザル属 パタスモンキー属 マンガベイ属 ヒヒ属 ゲラダヒヒ属 マンドリル属 マカク属	オナガザル亜科	オナガザル科	オナガザル上科	狭鼻下目		
クロシロコロブス属 アカコロブス属 コノハザル属 テングザル属 キンシコウ属 シシバナザル属	コロブス亜科					
テナガザル属	コロブス亜科	テナガザル科	ヒト上科			
オランウータン属	オランウータン亜科	ヒト科				
ゴリラ属 ヒト属 チンパンジー属	ヒト亜科					

図2・8　霊長類の系統樹

図 2·9 ①：原猿類（ネズミキツネザル）と②：真猿類（アヌビスヒヒ）

カ，ワオキツネザルなどがいる．これは，この島に大きな肉食動物がいなかったために，昼間の世界に進出できたのだろうと考えられている．原猿類の祖先が誕生した白亜紀末には，マダガスカル島はもうアフリカ大陸と分離していたので，おそらくこの祖先もアフリカ大陸から流木につかまって漂着したのだろう．

真猿類は，南米に生息するヨザルを除くすべての種が昼行性である．ヨザルの祖先も昼行性で，進化の途上で夜行性になったと考えられている．真猿類は原猿類よりも体が大きく，鼻づらは後退して乾き，口と分離している（図 2·9 ②）．嗅覚よりも視覚に頼る暮らしをしていて，色彩を見分けることができる．夜行生活から昼行生活への転進は，霊長類に大きな変革をもたらした．

それまで昼間の樹冠部は鳥の食卓だった．被子植物と共生関係を結んだ鳥類は，果実を食べて栄養をもらう代わりに種子を運んで散布する役割を果たしていた．小さな体をした原猿類は鳥たちの邪魔にならないように，夜のニッチで活動していた．コウモリ，ヒヨケザル，ムササビなど，樹上性の哺乳類は今でも夜行性の種が多い．しかし，果実を食べるようになると，昼の世界

で熟果を見分けたほうが食生活の効率はよくなる．熱帯雨林の樹上では風が不規則に舞っているので，嗅覚に頼っていてはごく近くの食物資源しか感知できないからである．

　鳥たちとの採食競争に負けないために霊長類がとった方策は，体を大きくすることだった．空を飛翔する鳥は骨を中空にし，食べたものをすぐ排泄するなど，できるだけ体を軽くする工夫をしている．その能力を使って木から木へ敏捷に渡り歩いて食べごろの果実をつまみ，昆虫を捕食することができる．一方，羽のない霊長類は行動半径は狭いが，体を大きくすれば果樹に陣取って鳥たちを駆逐することができる．体重200キログラムを超えるオスゴリラでも上手に木に登って，枝先から熟果をつまみとる能力がある．こんな大きな動物に食卓を占有されてしまえば，鳥たちにはなす術がない．

　もう一つ，昼の樹冠には対処しなければならない問題があった．それは空からの捕食者である．被子植物が枝を張りめぐらして樹上に広い生活空間ができたおかげで，霊長類は地上の捕食者から安全な暮らしを営むことができた．それが霊長類の最初の適応放散を助けたと考えられる．しかし，昼の樹上で食生活を送るためには，猛禽類の襲撃から身を守らなければならなかった．

　霊長類が発達させたのは集団生活である．夜行性の原猿類はすべて単独生活か，雌雄一対のペアで暮らしている．真猿類でも夜行性のヨザルはペア生活だ．しかし，昼行性の真猿類はペア以上の大きな集団を作る．原猿類でも昼行性のワオキツネザルは複数のオスとメスからなる数十頭の群れを作る．集団の大きさは，系統よりも夜行性か昼行性かで大きな違いがあることは明らかである．すでに述べたように，集団生活は捕食者に自分が狙われる確率を低め，多くの目で捕食者の発見効率を上げる．霊長類の社会性は昼間の樹上に進出したときに不可欠な能力として発達したと思われるのである．

　霊長類の体の大きさと食物の種類には相関関係がある（図2・10）．昆虫食の霊長類は最も小さく，葉食の霊長類が最も大きく，果実食はその中間に当たるのである．哺乳類の1日の活動に必要な基礎代謝量は体重の4分の3乗

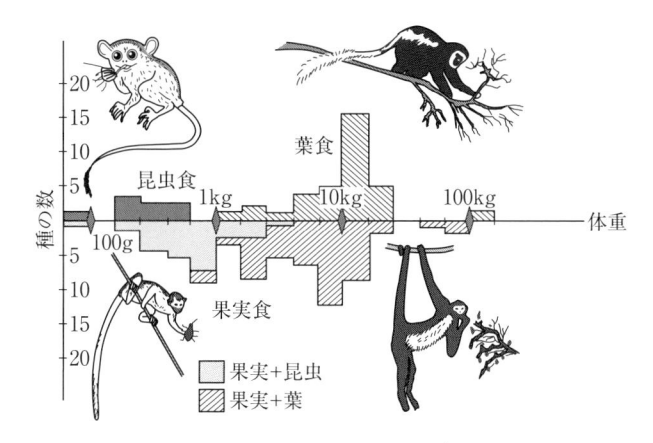

図 2·10 霊長類は何を食べるのか[25]
昆虫食の種より葉食の種の方が体が大きく，果実食の種はその中間に位置する．

に比例する．このため，体の大きいほうが相対的に少ない基礎代謝量でやっていける．体の大きい霊長類は小さい霊長類に比べて，あまりせかせかと栄養価の高い食物を探し回る必要はない．だが，体の大きい霊長類は絶対量としてはたくさんの食物を摂取しなければならないので，小さな虫ばかり食べてはいられない．量がたくさん得られる植物性の食物に頼ることになる．植物性食物の中で糖分を多く含む果実はエネルギー価が高いので，多くの霊長類が食物として選んでいる．体の小さい霊長類は果実と虫，体の大きい霊長類は果実と葉を組み合わせて食べる．

果実は得られる時期が短く，実をつける木も限られていて，量にも季節変動や年変動がある．それに比べて，常緑の熱帯雨林では葉は季節を問わず得られる安定した食物資源である．しかし，哺乳類は葉を作っている植物繊維（セルロース）を分解する酵素（セルラーゼ）をもっていない．このため，胃（前胃発酵）か大腸（後腸発酵）にバクテリアを共生させて分解してもらう（図2·11）．霊長類で最も特殊化した胃をもつのは前胃発酵をするコロブス類である．胃は4室に分かれていて，前胃の2室は弱酸性で大量のバクテリアがいる．ここでセルロースが分解されて脂肪酸が作られ，エネルギー源となる．

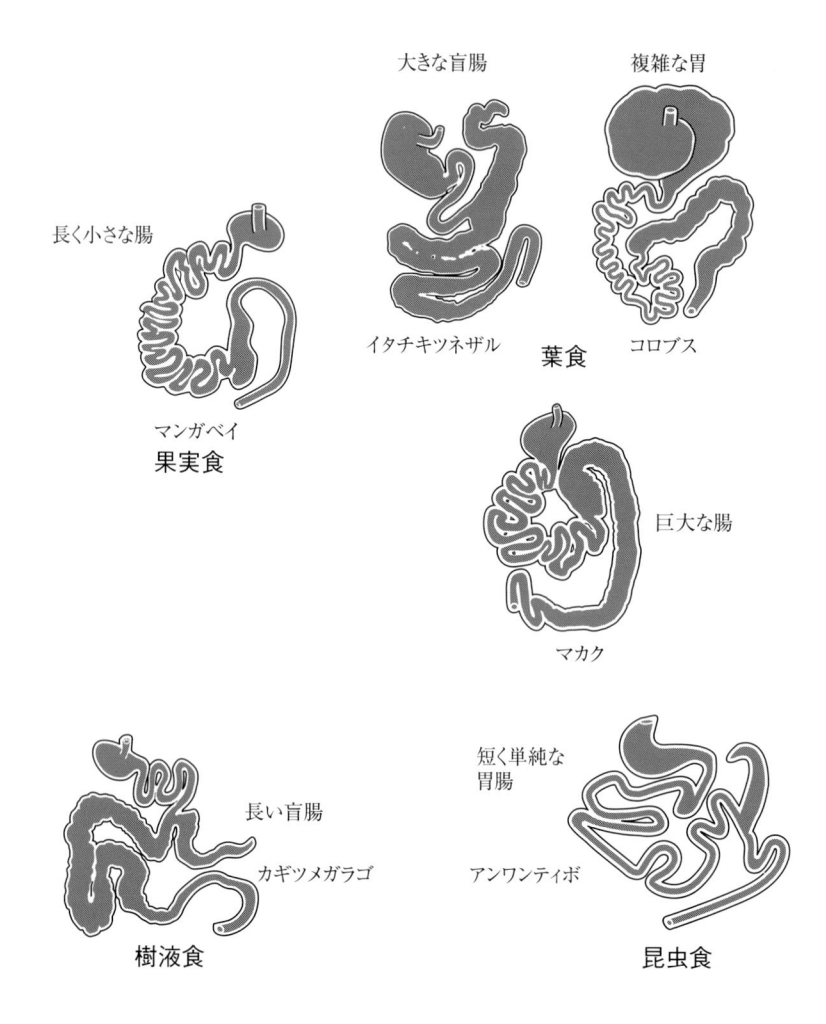

図 2・11　霊長類の消化器 [2-4)]

バクテリアそのものも食物として摂取している．葉は植物にとって光合成をする大切な器官だから，動物による食害を防ぐためにアルカロイドなどの毒やタンニンなどの消化阻害物質を含んでいることが多い．こういった二次化合物もバクテリアによって解毒されるので，コロブス類は大量の葉を消化することができる．

　食物の違いは活動時間や活動範囲にも大きな影響を及ぼす．セルロースをバクテリアによって分解するには時間がかかるので，コロブス類は葉を長時間にわたって胃に滞留させておかねばならない．南米の同じ地域に生息する果実食のクモザルと葉食のホエザルでは，クモザルの方が食物の消化器官を通過する速度が4〜5倍速いことが知られている．こうした違いは，採食に費やす時間配分に大きな違いをもたらす．葉食者は大量の葉を食べた後，それをバクテリアに消化させるためにゆっくり休む時間が必要になる．果実は消化が速いし，果実に含まれる糖分はすぐにエネルギーに換わるので休みを長く取る必要はない．果実食のテナガザルと葉食のゴリラの1日の時間ごとに採食に費やす時間配分を比べてみると，テナガザルは1日のどの時間に食べるかははっきり決まってはいない．ゴリラは朝方と午後に採食に専念する時間帯があり，日中はたっぷり時間をとって休む傾向がある（図2・12）．

　食物の種類と遊動域の広さにも対応関係がある．霊長類が遊動生活をするのは，1か所では必要な食物が得られないからで，それは植物の防衛システムのせいでもある．葉には食害を防ぐ二次化合物が含まれているから，同じ葉ばかり食べるとそれが蓄積して消化阻害を起こす．植物の種によって葉に含まれる二次化合物は異なるので，それぞれの種類の葉を少しずつ食べ分ければその効果を薄めることができる．また，果実はいっせいに実らずに，毎日少しずつ熟したり，木によって熟する時期を変えたりする．霊長類が果実を食べながら広い範囲を歩き回って種子を散布するように，果実のタイミングを合わせているわけである．ただ，葉と果実では食べ歩く広さが異なる．熱帯雨林では葉は一年中密に茂っているので，短期間しか熟さない果実に比べて狭い範囲で必要量を得ることができる．このため，葉食者は果実食者に

比べて集団体重(集団サイズとその種の平均体重の積)あたりの遊動域が狭くなる傾向がある(図2・13).

また,葉のように比較的どこにでも得られる食物と,果実のように量や得られる場所が限られている食物では,採食競合の程度が違う.これが社会生態学の基本的な考え方であることはすでに述べた.葉食者よりも果実食者のほうが採食競合が強く,他の仲間と連合関係を組んで食物資源を独占しようとすると見なすわけだ.たしかに,霊長類のバイオマス(一定の面積あたりに生息する種の全個体の体重の和),群れサイズ,遊動距離などはこの考えで説明できることが多い.葉食者のほうが果実食者よりもバイオマスや群れサイズが大きいし,遊動距離も短い.

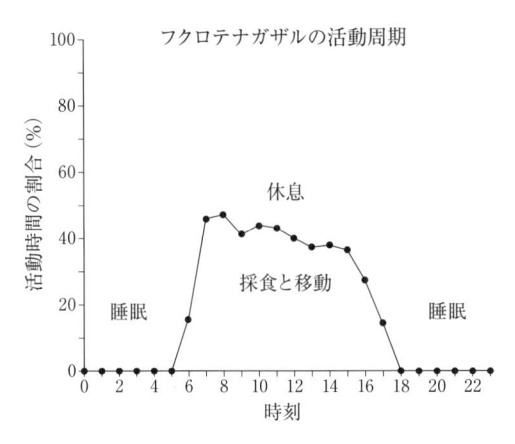

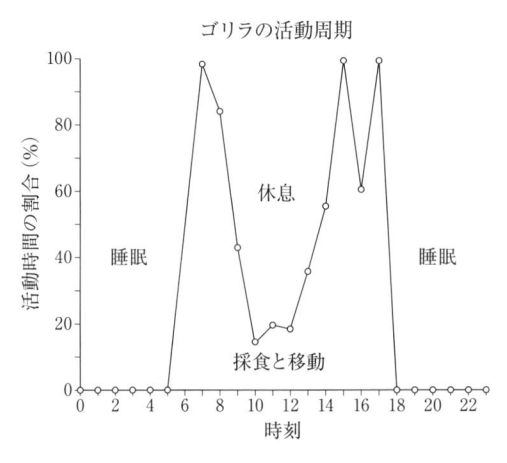

図2・12 フクロテナガザルとゴリラの活動周期 2-1, 2-7) を改変

しかし,説明できないこともある.そのいい例が社会関係である.社会生態学の考え方からすれば,採食戦略を重視するメスにとって近親間で連合するほうがたやすいし有利なはずだ.とくに果実食者は血縁関係に近いメスどうしで連合関係を形成すると予想される.ところが,果実を好んで採食するチンパンジーやクモザルは,メスが自分の生まれ育った群れを離脱して,他

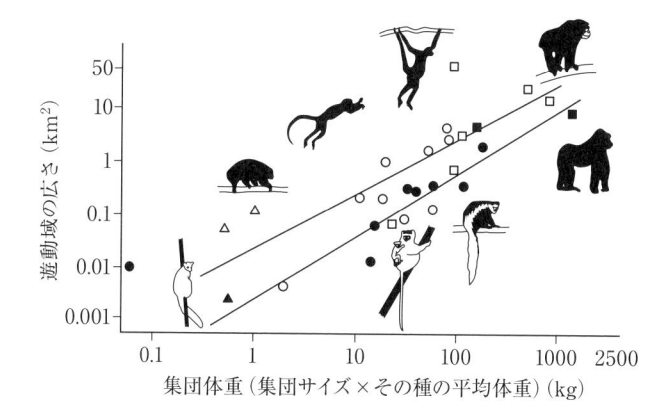

図 2·13　霊長類の食性と遊動域 [2-3)]
三角は夜行性，四角は昼行性で地上性，丸は昼行性で樹上性を示す．果実食（白）の種は葉食（黒）の種に比べ，同じ集団体重ならば広い遊動域をもっている．

の群れを移籍する父系社会を作る．メスどうしで強固な連合関係を作らず，離合集散性の高い群れで暮らしている．これはどう説明したらいいのだろうか．

さらに，ゴリラは果実以外に大量の植物繊維を摂取して食生活を送っている．体が大きいので，捕食者に狙われる危険は少ないと考えられる．それなのに，彼らは非常にまとまりのよい群れで暮らしている．ばらばらに分散して暮らしてもよさそうに思えるのに，なぜゴリラは集合するのだろうか．そこには，食物の分布や捕食圧では捉えきれない社会の形成要因が隠されていると考えられるのである．

2·3　類人猿の食と社会

類人猿は，霊長類の食物に関する一般的な傾向に反する特徴をもっている．それは，霊長類の中でずば抜けて大きな体をもっているのに，葉食に特殊化してはいないということである．小型類人猿のテナガザルでも 15 キログラ

ムの体重があり，南米に生息するどの霊長類よりも大きい．大型類人猿になるとチンパンジーやボノボは30キログラム以上，オランウータンは50キログラム以上，ゴリラになると100キログラムを超える．オスゴリラでは200キログラムを超えることもまれではない．ところが，類人猿は共通して果実を好み，アリやシロアリなどの昆虫も頻繁に食べる．ゴリラは葉や樹皮などの植物繊維ばかり食べていると思われていたが，近年の調査で果実がある場所では好んで食べることがわかってきた．しかも，チンパンジー並みにアリやシロアリを食べている場所もある．昆虫食や果実食の霊長類は葉食の霊長類に比べて体が小さいという傾向に，類人猿は合致しないのである．

それは，類人猿が他の真猿類とは異なる食性と生活史を発達させたことを示している．類人猿の最古の祖先は2500万年前のカモヤピテクスで，気候が温暖だった前期中新世（2000〜1800万年前）にはさまざまな種類の類人猿がアフリカ大陸に生息していた．ところが，中期中新世には寒冷な気候が地球を覆い，熱帯雨林が縮小して草原や疎開林が広がるようになった．しだいに類人猿の種数は減少し，1300万年前以降はほとんど類人猿の化石は見つからなくなってしまう．類人猿に取って代わるように繁栄し始めたのはコ

図2·14　①:コロブス類（クロシロコロブス）と②:オナガザル類（サバンナモンキー）

ロブス類とオナガザル類で（図 2・14），急速に種の数を増やして現在にいたっている．

　コロブスやオナガザルの仲間が優勢になったのは，彼らが二次化合物を含む植物部位を消化できる能力をもち，旺盛な繁殖力を身につけたからである．類人猿は共通して消化能力が弱く，完熟果実しか食べられない．このため，熟果を探して広い範囲を遊動しなければならない．一方，コロブス類は特殊化した胃に大量のバクテリアを共生させて葉食に適応しているし，オナガザル類も未熟な果実を消化できる能力がある．このため，彼らは類人猿が食べられないうちに未熟果を採食し，果実が不足しても葉食に切り替えて生きていくことができる．現在，コロブス類やオナガザル類が熱帯雨林の外に分布を広げているのはこのたくましい消化能力のおかげである．ちなみにニホンザルを含むマカク属もオナガザル科に属し，熱帯林を遠くはなれて日本の豪雪地帯にも分布している．

　さらに，類人猿は非常にゆっくりした繁殖と成長を特徴とする．1 産 1 仔で授乳期間が 3～7 年と長く，成熟するまで 10 年以上もかかる．1 年以内に離乳し，3～4 歳で初産を迎えるコロブスやオナガザルとは大きな違いである．これでは飢餓に見舞われて個体数が急激に落ち込むと，食糧事情が好転してもすぐにもとのポピュレーション（地域個体群）を復活することができない．少産と多産の差が森林の縮小した時代に大きな違いを生み出し，類人猿の数を減らしオナガザル科霊長類の繁栄をもたらしたのではないかと思われるのである．

　では，類人猿は果実不足の時代をどうやって乗り切ったのだろうか．類人猿の社会はそれぞれの種で違う特徴をもっている（図 2・15）．小型の類人猿テナガザルはオスとメスが一対のペアを作って暮らしているし，オランウータンはオスもメスも単独生活である．ゴリラはふつう 1 頭のオスが複数のメスといっしょに 10 頭前後のまとまりのいい群れを作る．チンパンジーは複数のオスと複数のメスを含む数十頭の大きな群れを作るが，頻繁に小グループに分かれて離合集散する．これは類人猿たちが，熟果しか食べられない脆

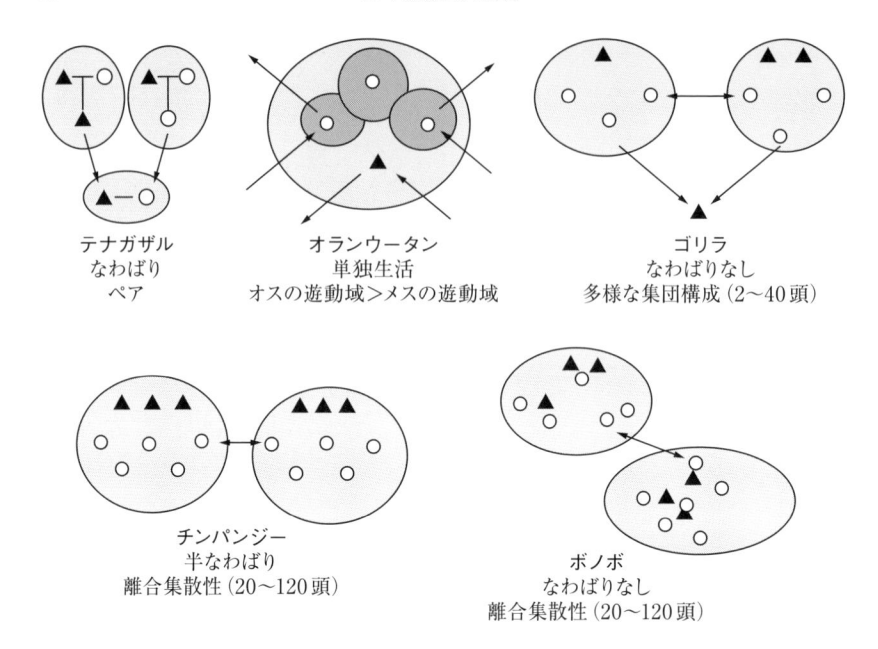

図 2·15 類人猿の社会構造
▲：オス，○：メス．それぞれの類人猿の群れの構成と個体の移動．
オランウータンは群れではなく，オスが複数の単独メスの行動域を含
む広い行動域をもつことを示す．

（テナガザル：なわばり／ペア；オランウータン：単独生活／オスの遊動域＞メスの遊動域；ゴリラ：なわばりなし／多様な集団構成（2〜40頭）；チンパンジー：半なわばり／離合集散性（20〜120頭）；ボノボ：なわばりなし／離合集散性（20〜120頭））

弱な食生活をそれぞれ異なる社会性を発達させながら維持してきたことを示唆している．

　アジアの熱帯雨林はアフリカや南米の熱帯雨林に比べて，開花や結実の年変動が激しい．ある年はいっせいに大量の木が実をつけるが，別の年はほとんど実がないといった事態になる．実がたくさんなる時は多くの仲間といっしょに暮らしても問題は起こらないが，実が少ないと仲間との間に競合が起こる．食べられる熟果を探して広く歩き回らなければならなくなる．このため，アジアの熱帯雨林に住むテナガザルやオランウータンは，単独かペアという最小限の群れで暮らすようになったのだろうと思われる．中新世の前期，まだ気候の温暖な時代に類人猿は大きな体とゆっくりした繁殖生活を進化させた．その後，寒冷な気候によって熱帯雨林が縮小し，アジアの熱帯雨林

に閉じ込められたテナガザルとオランウータンの祖先は、大きな群れで生活する道を選択しなかったのだろう．果実をめぐって競合する仲間が少なければ，狭い遊動域で暮らしていける．彼らがほぼ完全な樹上生活をしていることも，遊動域を広げられなかった原因かもしれない．枝から枝へ腕渡りして移動するだけでは，森林が途切れた場所

図 2·16　チンパンジーのナックル・ウォーク

を渡ることができないからである．アジアの熱帯雨林には，トラという強大な地上性の肉食動物がいる．テナガザルとオランウータンは地上へ下りて遊動域を広げることをせず，樹上で単独か限られた仲間と食生活を送るような社会性を発達させたのである．

　アフリカの類人猿は移動するとき，地上に降りることが多い．このとき，長い腕を地面に立て，指の背を地面につけナックル・ウォークをして歩く（図2·16）．もともと樹上で腕渡りをするように長くなった腕が，地上でそのまま四足で歩くように発達したと考えられる．アフリカの熱帯雨林にも肉食動物のヒョウがいるが，これはトラほど大きな脅威にはならない．ゴリラもチンパンジーもアジアの類人猿より大きな群れを作り，低地熱帯雨林では 10～20 平方キロメートルの遊動域をもって暮らしている．ここでは，果実の季節変化はあるが，アジアの熱帯雨林ほど大きな年変動がない．このため，群れを作れないほど個体間の競合が高まることはなかったのだろうと思われる．ヒョウやハイエナなどの肉食獣から身を守るため，群れで暮らす利点は高い．アフリカの類人猿は地上に下りて群れで暮らす道を選んだのである．

　しかし，ゴリラとチンパンジーの群れ生活は互いにずいぶん違う（図2·17）．ゴリラは群れの仲間が常に目に見えるほどコンパクトにまとまって

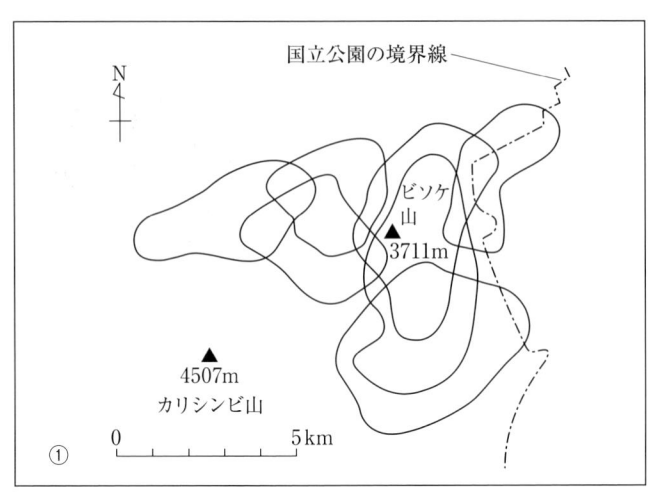

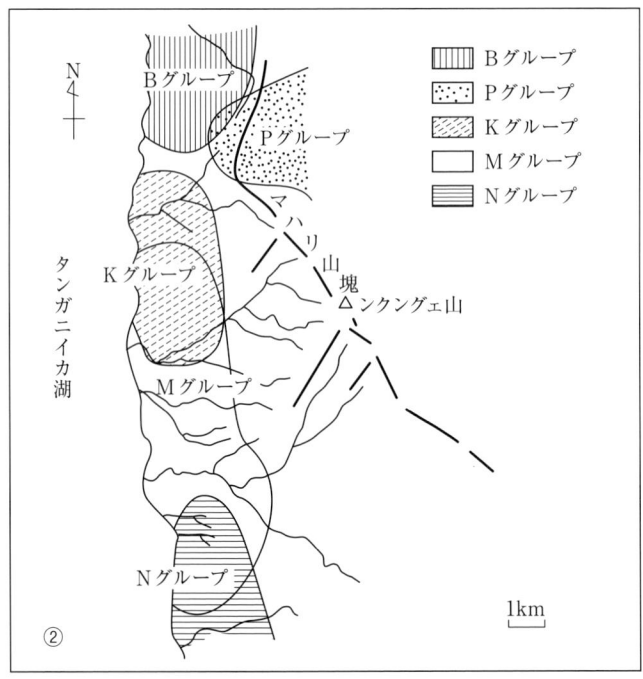

図 2·17 ①：ゴリラのホームレンジ（ルワンダ，火山国立公園）と②：チンパンジーのホームレンジ（タンザニア，マハル国立公園）[2-12, 2-13]

一日中過ごしている．採食するときは休息するときに比べて散らばるが，オスが常にげっぷ音と呼ばれる音声を出して自分の位置をメスや子どもたちに知らせている．寝るときもいつも同じメンバーで近くにベッドを作り，まとまって眠る．群れどうしはめったに混じりあうことはなく，近くに来ると両群の背中の白いおとなのオス（シルバーバック）どうしが胸をたたきあって牽制する．出会いを避けあっているように見える．ただ，群れの遊動域はなわばりではなく，隣接群の遊動域と大幅に重なり合っている．だから，10平方キロメートル余りの遊動域でも，多くの群れとさまざまな出会いが起こる（図2・17上参照）．

　一方，チンパンジーの群れはメンバーシップが固定せず，常にオスやメスが入れ替わっている．そのため，研究の初期にはチンパンジーは群れを作らないと考えられていたほどだ．チンパンジーが複雄複雌の構成をもつ群れを作ることが判明したのは，タンザニアのマハレで日本の研究者が長期にわたって群れの構成を丹念に調べてからのことである．チンパンジーのメスは単独で遊動することが多く，とくに赤ん坊を連れたメスはあまり他のチンパンジーと行動をともにしない．オスたちは連れ立っていることが多く，時折こうしたオスグループに発情したメスが加わる．また，果実が豊富に実る季節には，多くのチンパンジーが果樹に群がり，ともに遊動する．果実があまり実らない季節には単独や小さなグループで散らばって，食物をめぐる競合を高めないようにしていると思われる．また，一見ばらばらに見えるチンパンジーも隣の群れに対しては敵対的に振舞う．とくにオスは共同で隣接群のオスを襲い，死にいたる闘争を引き起こすこともある．このため，チンパンジーの群れの遊動域は隣り合う群れどうしで一部が重複しているだけで，オスたちは時折この重複地域をパトロールしているという（図2・17下参照）．

　おそらく，ゴリラとチンパンジーは果実の不足に対して対照的な対応策を発達させた．ゴリラは果実以外に葉，樹皮，髄，根などの植物繊維を日常的に食べている．果実が不足するとこれらの植物繊維を多く食べるようになる．多種類の果実を食べる時期は1日の遊動距離が長くなり，あまり食べない時

期は短くなる．これは，ゴリラが常にまとまった群れで遊動しているため，果実のような量の限られた食物を摂取するとすぐになくなってしまうので，長い距離を歩かなくてはならなくなるからだ．つまり，果実をめぐる群れ内のスクランブル（間接的）な競合が遊動距離に反映していると考えることができる．これに対してチンパンジーは，果実の量に対応して群がり方を変える．果実が多い時期は多くの仲間といっしょに遊動し，少なくなると広い範囲に分散して果実を探す．このためチンパンジーは果実が少ない時期でも摂取する果実の量はあまり変わらない．ゴリラのように植物繊維を多く摂取して過ごすのではなく，果実を探して森林を広く歩き回る．果実が少なくなるとゴリラは遊動距離を縮めるが，チンパンジーはむしろ延ばすのである．

この正反対の採食戦略は，ゴリラとチンパンジーの遊動域の広さと生息密度に反映する（図2·18）．ゴリラは赤道アフリカの低地熱帯雨林から標高3000メートルを超える山地林まで分布する（表2·1）．低地と高地では果実の種類と量が著しく異なっている．ところが，ゴリラは果実が豊富な低地でも，一年中わずかな果実しか得られない高地でも，遊動域面積も生息密度もほとんど違いがないのである．これは，ゴリラがどの植生帯でもなわばりをもたず，密度が一定であるように暮らしていることを示唆している．言い換

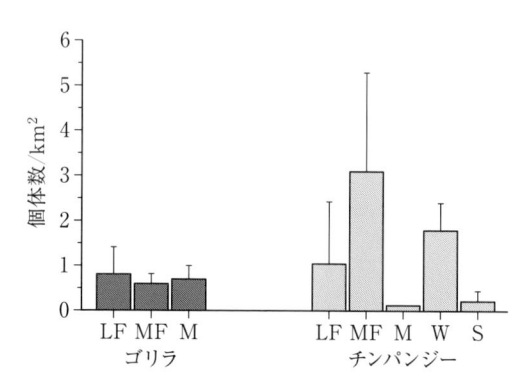

図2·18　ゴリラとチンパンジーの生息密度[2-9]
LF: 低地熱帯雨林, MF: 中高度森林, M: 山地林,
W: ウッドランド（疎開林）, S: サバンナ．

2・3 類人猿の食と社会

表 2・1 ゴリラの行動域と核地域[2,10]

ゴリラの亜種名	場所	生息地	行動域の大きさ(調査年数)	年間行動域	行動域の中で核地域の占める割合	文献
マウンテンゴリラ	ヴィルンガ	山地林	21-25km²(5-7年)	9-12km²	24-27%	Watts, 1998a
マウンテンゴリラ	ブウィンディ	山地林	40.2km²(3年)	21-40km²	35%	Robbins & McNeilage, 2003
ヒガシローランドゴリラ	カフジ	山地林	42.3km²(8年)	13-18km²	33%	Yamagiwa & Basabose, 2006
ニシローランドゴリラ	ロペ	低地林	21.7km²(10年)	7-14km²	不明	Tutin, 1996
ニシローランドゴリラ	バイホク	低地林	23km²(2.2年)	不明	不明	Remis, 1997b
ニシローランドゴリラ	バイホク	低地林	18.3km²(3.5年)	8-13km²	31%	Cipolletta, 2004
ニシローランドゴリラ	ロッシ	低地林	11km²(3.2年)	不明	不明	Bermejo, 2004
ニシローランドゴリラ	モンディカ	低地林	15.8km²(1.3年)	15km²	不明	Doran-Sheehy et al., 2004

核地域とはゴリラの訪問頻度が高い地域から順番に全訪問数の 75% を占める地域とした。

表 2・2 チンパンジーの行動域と核地域[2,10]

チンパンジーの亜種名	場所	生息地	行動域の大きさ(調査年数)	年間行動域	行動域の中で核地域の占める割合	文献
ニシチンパンジー	アシリク山	サバンナ	278-330km²(4年)	不明	不明	Baldwin et al., 1982
ニシチンパンジー	タイ	低地林	27km²(10年)	不明	不明	Boesch & Boesch, 1989
ニシチンパンジー	タイ	低地林	(10年)	14-26km²	35%	Lehmann & Boesch, 2003
ヒガシチンパンジー	カフジ	山地林	15.7km²(8年)	6-8km²	32%	Yamagiwa & Basabose, 2006
ヒガシチンパンジー	ブドンゴ	中高度森林	20km²(2年)	不明	不明	Reynolds & Reynolds, 1965
ヒガシチンパンジー	ブドンゴ	中高度森林	6.8km²(1.5年)	不明	不明	Newton-Fisher, 2003
ヒガシチンパンジー	キバレ	中高度森林	23-38km²(1.4年)	不明	不明	Ghiglieri, 1984
ヒガシチンパンジー	マハレ	中高度森林	11-34km²(5年)	不明	不明	Nishida & Kawanaka, 1972
ヒガシチンパンジー	ゴンベ	中高度森林/ウッドランド	(18年)	6-14km²	不明	Williams et al., 2004
ヒガシチンパンジー	カサカティ	ウッドランド	122-124km²(1年)	不明	不明	Izawa, 1970
ヒガシチンパンジー	フィラバンガ	サバンナ	150km²(1年)	不明	不明	Kano, 1971
ヒガシチンパンジー	ウガラ	サバンナ	250-560km²(1年)	不明	不明	Kano, 1972

えれば，ゴリラは食物条件に応じて食べる対象を切り替え，遊動域や密度を一定に保っているのである．

チンパンジーはゴリラとほぼ同じ地域に分布し，さらにウッドランドやサバンナにも生息域をもっている（表2·2）．これらの乾燥域は山地林と同じように果実が少なく，チンパンジーの生息密度も低い．逆に遊動域面積は乾燥域では格段に広くなる．チンパンジーの遊動域は隣接群間であまり重複していないので，遊動域が広くなれば生息密度も低下するのである．チンパンジーはどの地域でも果実を主とした食生活を送り，果実量に対応して遊動域や生息密度を変えるような特性を発達させたのである．ゴリラは社会優先，チンパンジーは栄養優先の遊動生活を進化させたと考えることができる．

2·4　混群と異種の類人猿の共存

熱帯雨林には，複数の種の霊長類が共存している．このうち，オナガザル科のサルは異なる種が混じって一緒に遊動する混群を形成することがある．西アフリカのダイアナモンキーや東アフリカのブルーモンキー（図2·19）などは，それぞれ近縁のオナガザル類やコロブス類と1日の時間の半分以上も混群を作って暮らしている．混群を作る種は食物の種類も大幅に重複していることが多い．「近縁な複数の種は同じニッチに共存しない」という競争排除の法則に反して，なぜこれらの霊長類は混群を作るのだろうか．

図2·19　オナガザル科（ブルーモンキー）混群を形成することがある．

その理由としてまず，捕食者を回避できる利点が挙げられる．混群を作れば群れのサイズは大きくなるから食物をめぐる競合は増す．しかし，自分が捕食者に狙われる確率は低くなるし，捕食者の発見効率も増す．もし捕食者回避の利点が採食競合によるコストを上回れば，混群を作る傾向が促進されるだろう．

もう一つは，採食効率が上がるという利点である．オナガザル科のサルは果実中心の雑食である種が多い．果実や昆虫は見つけにくい食物資源で，とくに昆虫はすばしこく逃げる．多くの仲間で遊動すればこういった食物の発見効率は上がるし，昆虫も追跡しやすい．このため，採食競合が低ければ食物の重複する近縁種と混群を作るのは，かえって採食効率を上げる結果になる．

しかし，類人猿は他の霊長類と混群を作らない．アジアでもアフリカでも類人猿の生息地にはさまざまな種の霊長類が同所的に生息しているが，類人猿と入り混じって遊動することはない．しかもチンパンジーはオナガザル類やコロブス類の捕食者でもある．チンパンジーの生息域に共存するアカコロブスは，ポピュレーションの1割以上の個体がチンパンジーによって捕食されている．アカコロブスの生態や社会は，むしろチンパンジーによって負の影響を受けて進化してきたとも考えられるのである．他のオナガザル類やコロブス類でもチンパンジーに捕食されるサルの種類は多い．

さて，では類人猿どうしはどうやって共存しているのだろう．アジアに生息するオランウータンは，テナガザルとボルネオやスマトラで同所的に共存している．ともに熟した果実を好むが，テナガザルは主に樹冠の上部で活動し，オランウータンは樹冠の下部にいることが多い．しかも，テナガザルは卓越したブラキエーター(腕で木にぶら下がって移動する)で，腕渡りをしながら木から木へ高速移動ができる．オランウータンは木や枝をしならせてゆっくりと移動する．腰にある靭帯を伸ばして，足でも枝にぶら下がる能力があり，長時間ぶら下がって採食できる．すばしこいテナガザルに比べて，オランウータンは果樹に到着するのが遅れる可能性があるが，オランウータ

ンは熟果が実る木のそばにベッドを作る．朝一番にその果樹を占拠しようというわけである．また，オランウータンは硬い殻や棘を道具を使って器用に外し，他の動物が食べられない果実を食べる技術ももっている．

アフリカ大陸のゴリラとチンパンジーは広い地域で同所的に共存している．標高の高いヴィルンガ火山群を除けば，ゴリラの住んでいるところにはどこでもチンパンジーがいる．だが，つい最近までこの2種の類人猿は互いに異なる食性をもち，違うニッチで暮らしていると考えられてきた．葉食のゴリラと果実食のチンパンジー，地上性のゴリラと樹上性のチンパンジー，湿った谷間を好むゴリラと乾いた尾根を好むチンパンジーといった違いである．そして，これらの違いは両種の社会性にも大きな違いをもたらしていると見なされてきた．つまり，葉食のゴリラは食物をめぐる競合が低いので，常にまとまった群れで遊動することができる．これに対して果実を食べるチンパンジーは競合を避けるために果実の量に合わせて離合集散し，隣接群どうしで果樹の占有をめぐって敵対する．

ゴリラ	恒常的な違い	チンパンジー
集団採食	補助食物	個体採食
社会的安定	テリトリー	栄養的安定
食性 遊動距離	食環境の変動 による変化	離合集散性 連合関係 遊動域

図2·20　ゴリラとチンパンジーの採食戦略
　　両属ともに果実を好むが，ゴリラは集団単位，チンパンジーは個体単位で採食する．果実が少ない時期の補助食物が違い，ゴリラはテリトリーをもたない．好む食物の変動に，ゴリラは食物や遊動距離を変え，チンパンジーは採食集団サイズや社会関係，遊動域を変えることで対処していると考えられる．

しかし,実はこれは野生ゴリラの研究がもっぱらチンパンジーの共存しないヴィルンガで行われてきたせいだったことが判明した.1980年代にガボンやコンゴの低地熱帯雨林で調査が行われるようになると,ゴリラがチンパンジーに匹敵するほど多種類の果実を食べ,頻繁に樹上を用いて暮らしていることが明らかになったからである.しかも,それまでゴリラは地上性草本の多い二次林,チンパンジーは果実の多い一次林に分かれて暮らしていると思われていたのが,両種ともに一次林を好んで遊動することがわかってきた.ゴリラとチンパンジーは,食性も生活場所も互いによく似ていたのである.

では彼らはどうやって同じ場所で共存しているのだろうか.両種が同所的に生息している地域で行われた研究から,果実の食べ方,果実の不足する時期に食べる補助食物,遊動様式が違うことがわかってきた(図2・20).果実が豊富に実る時期は,ゴリラはチンパンジーより多くの種類の果実を食べる(図2・21).それはゴリラが特定の種類の果実に固執せずに,遊動距離を延ばして多種類の果実を食べ歩いているからである.一方チンパンジーは,好む果実が実ると繰り返しその果樹へやってきて,食べつくすまでその地域に滞在する.前述したように,果実が不足するとゴリラは遊動距離を縮めて

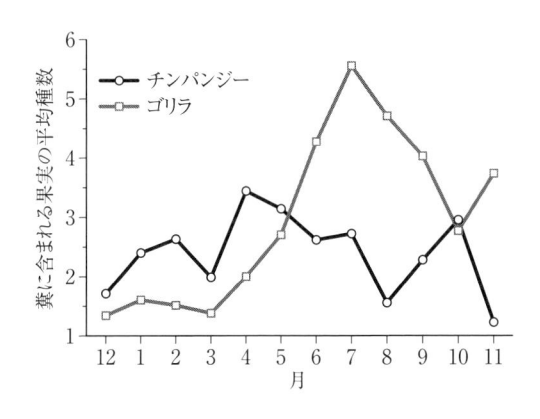

図2・21 コンゴ共和国ドキ国立公園に同所的に共存するゴリラとチンパンジーが食べた果実の月別平均種数[2-6]

地上性の草本や葉などの植物繊維を摂取し，チンパンジーは分散して広範囲に果実を探すようになる．ゴリラは果実が十分にあるときでも葉や髄を食べることを忘れない．ゴリラにとって植物繊維は毎日腹に入れる日常的な食物なのである．チンパンジーも葉や髄を食べることがあるが，タンパク質は昆虫食で補うことも多い．アリやシロアリを捕食し，ハチミツをなめ採るために，チンパンジーは多様な道具を用いている．アリやシロアリはゴリラも食べるが，摂取する量はチンパンジーよりずっと少ない．

　これらの最近の研究は，ゴリラとチンパンジーが熟果に対する強い嗜好性を共通にもったまま，ニッチを大幅に重複させて共存していることを示している．違いは果実以外の食物への好みと，その食べ方，そして仲間との社会性にある．ゴリラは集団で採食することを基本とした社会性，チンパンジーは個体で採食することを基本とした社会性を発達させた．とくにメスの採食戦略がまるで違う．ゴリラのメスは常にオスと一緒にいることを好み，チンパンジーのメスは分散して採食することが多い．この違いがオスの社会性にも大きな影響をもたらしている．ゴリラのオスは単独で複数のメスといっしょに遊動することが多く，チンパンジーのオスはオスどうしでいっしょにいることが多い．その違いはメスの性的な特徴にも現れている．ゴリラのメスは1か月の性周期のうち2, 3日しか発情せず，発情徴候もはっきりしない．ところが，チンパンジーのメスは同じような性周期で2週間も発情し，その間 性器の周りの皮膚（性皮）が大きくピンク色に腫

図 2·22　チンパンジーの性皮

れる（図2・22）．これは，ゴリラのメスが常に自分の近くにいる特定のオスとだけ交尾をするのに対し，単独でいることが多いチンパンジーのメスが多くのオスにわかるように発情を宣伝するためである．

このように，類人猿の性や社会は食生活と決して無関係ではない．それは，互いのそれぞれの特徴を補強するように組み合わされて発達してきたと考えられる．ところが一方で，類人猿にはメスが母親のもとに留まらず，独立したり，血縁関係にない仲間と共存して繁殖生活を送るという非母系的な特徴を共通にもっている．それはいったいどのように進化してきた特徴なのだろうか．今度は，霊長類の生活史戦略と性の世界を比べながら考えてみることにしよう．

3 霊長類の生活史戦略

3・1 サルの一生

　卵生の爬虫類や鳥類と違い，哺乳動物はすでに成長した子どもを産み，乳をやって育てる．このため，哺乳と育児の負担が大きく，しかもそれが母親に偏りがちである．一生のうちで成長と繁殖にどのくらいの時間とエネルギーを費やすかは，個体の生命維持との間でトレード・オフの関係にある．成長を早く切り上げるか，ゆっくり成長するか，一度にたくさんの子を産むか，少しずつ何回にも分けて産むかなど，食物条件や捕食者との関係でさまざまな方法が進化してきた．

　たとえば，食物連鎖の頂点に立つライオンは，自立できないひ弱な子どもを何頭も産む．子どもたちが自分で出歩くようになるまで数日，狩をして獲物を捕らえるようになるまでには1年以上かかる．ところが，ライオンに狩られるガゼルやインパラなどの草食動物は，生まれてすぐに自分で立って歩けるほど成長した子どもを産む．その代わり，産む子ども数は1頭と少ない．草食動物はたくさんの未成熟な子どもを産むより，捕食者から自力で逃げられる能力をもった子どもを1頭だけ産むような生活史を進化させたと考えられるのである．

　霊長類は，哺乳類の中では成長と繁殖に時間をかける特徴を共通にもっている（図3・1）．ネズミのようなげっ歯類と比べてみると，体重があまり変わらないピグミーマーモセットでも，生まれてから繁殖可能な年齢に達する

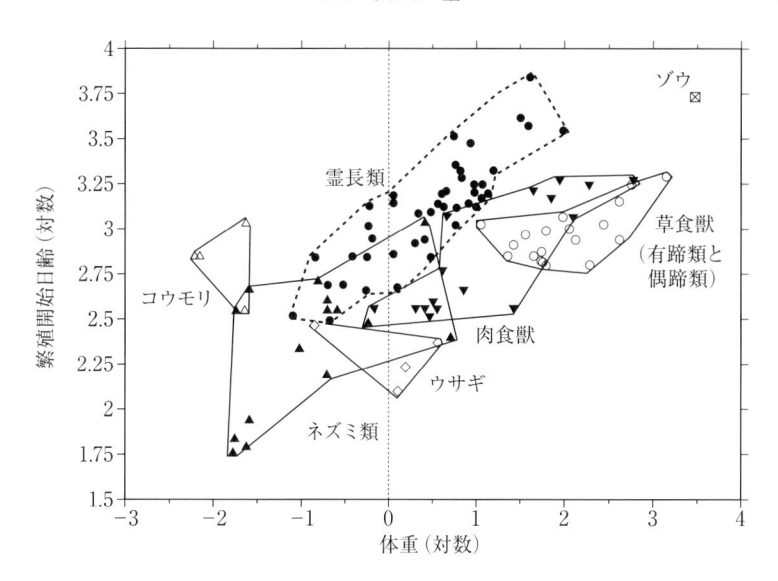

図3・1 霊長類は同じ体重の哺乳類に比べて
遅く繁殖を開始する[3-4]

までに1年以上かかる.生まれて1か月もたたないうちに繁殖を始めるネズミに比べて大きな開きがある.しかも,一度に産む子どもの数は多くても2,3頭で,ほとんどの霊長類は1産1子である.新生児もひ弱で,しばらくは母親の腹や背中につかまって運ばれ,母親の乳だけで育つ.同じ1産1子の草食動物とはだいぶ違う.

　霊長類が少産少子の生活史戦略を進化させた理由は,おそらく樹上という捕食者から狙われにくいニッチを確保したからだろうと考えられる.一般に,サバンナのような開けた草原に暮らす動物は多産多子である.ネズミ,ウサギ,イノシシなどは一度にたくさんの子を産み,出産間隔が短く,成長も早い.それは,たとえ肉食動物や猛禽類に捕食されて数が減っても,条件がよければすぐにポピュレーションを回復できるように進化したからである.樹上に生活領域を切り開いた霊長類は,地上性の動物に比べると比較的安全な暮らしを営むことができた.そのため,出産間隔が長く,成長も遅くなった

のである．同じように樹上にニッチをもったコウモリ類も，霊長類に似てゆっくりした生活史をもっている．

　霊長類の中でも，種によっていくつかの変異がある．まず，体重の重い種は軽い種に比べて成長も繁殖も遅い傾向がある．体の大きな大型類人猿は，霊長類の中で最もゆっくりした生活史をもつ．また，サバンナで暮らす種は森林で暮らす近縁な種よりも成長や繁殖が速い．これは，森林より捕食者が多いサバンナという環境に適応するために多産多子の傾向を身につけたためであろう．

　さらに，子どもを巣の中で育てる霊長類は，母親が子どもを自分の体につかまらせて運ぶ種よりも成長や繁殖が速い．夜行性の原猿類の多くは，木の洞などを巣にしてそこに子どもを産み落とす．母親は単独で採食に出かけ，巣へもどって新生児に授乳する．原猿類でも昼行性のキツネザル類やシファカ，そしてほとんどの真猿類は母親が腹につかまらせたり背に乗せて子どもを運ぶ．これらの種は巣をもつ種に比べて体が大きく，授乳期間が長く，初産も遅い．おそらく，移動にコストがかかるために，繁殖や子育てにあまりエネルギーを配分できないのだろうと思われる．

　昼行性の真猿類が巣をもたなくなるように進化したのは，集団生活をするようになって遊動域が広がったためである．毎日同じ巣に戻ってくるのでは，広い遊動域がもてない．移動した先で寝場所を見つけるほうが移動のコストは節約できる．これらの種では，体を大きくし集団で遊動するようになって，捕食者からより安全な生活を送れるようになったことが巣を不要にさせた．それにともない，広い遊動域をもたなければならなくなったことが，巣を捨てさせる大きな要因になったのである．

　もう一つ，霊長類の成長が遅い原因は脳の大きさにある．脳は維持するのに多大なエネルギーを費やす器官である．他の哺乳類に比べて，霊長類は脳が大きい（図3・2）．大きな脳をもつ人間では成長遅滞が最も著しく，霊長類以外にも大きな脳をもつイルカ類も同じように成長が遅い．おそらく，森林の3次元の空間で色彩豊かな果実を見分け，広い遊動域で記憶を駆使して

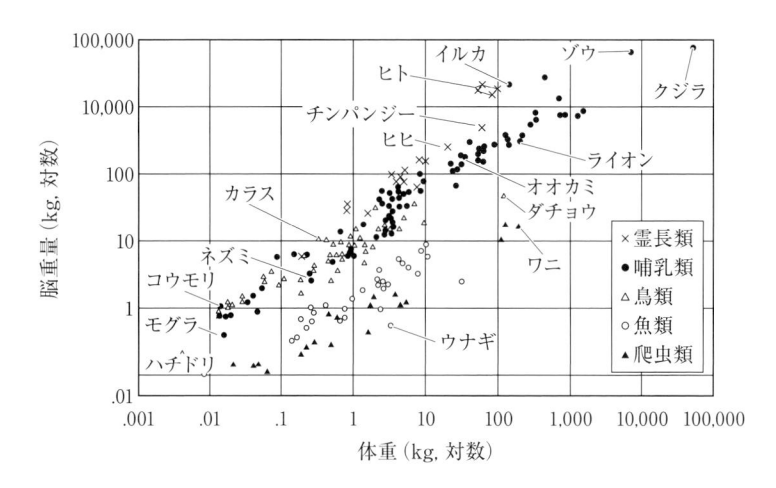

図 3·2 霊長類は同じ体重の哺乳類に比べて脳が大きい [3-4]

効率的に多様な食物を探し回るために，霊長類は大きな脳を必要としたのだろう．その改変は，成長を遅らす生活史戦略を余儀なくさせたのである．

3·2 類人猿の生活史

　類人猿は霊長類の中で最も体が大きく，ゆっくりした成長や繁殖の特徴をもっている．しかし，それは体が大きいという理由だけではない．たとえば，テナガザルはブタオザルなどのマカク類と，チンパンジーやボノボはヒヒ類とあまり体重は変わらないが，成長はずっと遅く，出産間隔も長い．

　これは，マカク類やヒヒ類が熱帯雨林だけでなく，温帯の森林や草原へ進出しているためだろう．温帯の森林は季節による寒暖の差が大きく，食物の変動も大きい．冬には果実が乏しく，硬い樹皮や冬芽をかじって生き延びなければならない．離乳したばかりの新生児にはきつい試練で，死亡する子どもも多い．こういった季節性の高い環境では交尾季や出産季があって，なるべく食物条件のいい時期に出産できるようになっている．だが，果実の実りが悪い年などにたくさんの個体が死亡してしまうこともある．日本では

1984年に不作で大雪の年があり，積雪地では多くのニホンザルが死亡した．こうした年変動による個体数の激変に，マカク類は成長や繁殖を速めることで適応してきたのである．前述したように，熱帯地方でもサバンナなどの草原は果実が乏しく，捕食圧が高い．死亡率が高くなる環境でヒヒ類も同じような生活史戦略を進化させたに違いない．

　これに対して，類人猿はずっと季節変化の乏しい熱帯雨林で進化してきた．数万年前までアジアに生存していた体の大きいギガントピテクスが草原の多い環境に生息していたという報告があるが，ほとんどの化石種は熱帯雨林から出たことはない．類人猿や人類を含むヒト上科はオナガザル上科（旧世界ザル）と約2500万年前に分岐したとされるが，かなり古い時代からゆっくりした成長と早い成長という違いが両分類群間に現れている．ゆっくりした生活史は1700万年前のヒト上科の化石に認められており，1000万年前のシバピテクスは体重60キログラム，第一大臼歯の歯冠形成時期が生後39か月頃と推定されている．これは現生のチンパンジーの特徴に匹敵する．

　おそらく中新世前期の温暖な気候は熱帯雨林を拡大し，ゆっくりした生活史をもつヒト上科を繁栄させた．ところが，寒冷・乾燥化が進み，気候変動が激しくなると森林が分断され草原が広がって，早い生活史をもつオナガザル上科が優勢になった．アフリカ大陸では1200〜1300万年前頃を境にして類人猿の祖先の化石が急激に減少する．代わりにオナガザル上科の化石が目立って増加するのである．現在，アフリカの熱帯雨林にはわずか2属4種の類人猿しか生存していないが，オナガザル上科は少なくとも8属42種を数える．しかも，熱帯雨林の周辺に分布域をもつ類人猿に比べ，オナガザル上科のサルは温帯域や草原へと分布域を広げている．熱帯雨林の外での適応力の違いは明らかである．

　では，ヒト上科であり，遅い生活史戦略を受け継いだはずの人類は，なぜ熱帯雨林を出ることができたのだろうか．オナガザル上科のサルよりも過酷な環境に進出できた理由は何だろうか．それは，人類と類人猿との違いに見ることができる．

類人猿の生活史戦略の特徴は出産間隔の長さにある．ゴリラで4年に一度，チンパンジーで5〜6年に一度，オランウータンでは7〜9年に一度しかメスは子どもを産めない（表3・1）．これは授乳期が長いせいである．授乳中はプロラクチンという母乳の産生を促すホルモンが分泌され，これが排卵を抑制する作用をもつので妊娠が抑えられるのである．それは，動物園の事例が参考になる．動物園で類人猿が出産した際に，母親が子育てを拒否する場合がある．こうした際に，母親から赤ん坊を取り上げて人工保育をすると，乳が止まり約2週間後には再び排卵がやってくる．このように赤ん坊を人工保育すると，テナガザルやチンパンジーが年子を産む例がいくつも報告されている．

ではなぜ，出産間隔に類人猿間で違いがあるのだろうか．類人猿のメスは最初の出産の前に親元を離れるという共通な特徴をもっている．しかし，ゴリラのメスはすぐに他の群れに移籍して特定のオス1頭と交尾関係を結ぶのに対し，チンパンジーのメスは時間をかけて移籍していく．移籍後も，チンパンジーのメスは単独で採食することが多く，複数のオスと交尾関係を結ぶ．オランウータンのメスはオスのもとに身を寄せず，単独で遊動域を構える．こうした社会性の違いが出産間隔に反映している可能性がある．

表 3・1 類人猿の性と繁殖に関わる特徴

	テナガザル	オランウータン	ゴリラ	ヒト	チンパンジー	ボノボ
体重の性比	1.1	2.0	1.6	1.2	1.3	1.2
睾丸と体重の比		0.05	0.02	0.06	0.27	
性皮の腫脹	なし	なし	わずか	なし	あり	あり
発情の季節性	なし	なし	なし	なし	なし	なし
月経周期	28日	29-30日	32日	28日	35日	35-40日
交尾日数	1-2日	2-3日	1-3日	不定	7-17日	5-40日
交尾関係	長期配偶関係	短期配偶関係	長期配偶関係	長期配偶関係	乱交 短期配偶関係 独占排他的	乱交
妊娠期間	189-239日	264日	258日	270日	228日	240日
出産間隔	36月	96月	48月	10-48月	60月	54月
性的休止期	36月	96月	40月	0-36月	53月	12月

そもそも，メスが母親の元を離れてから出産するという非母系的な特徴は，遅い生活史戦略と密接に結びついている．南米に生息する新世界ザルのうち，最も大きな体をしたクモザル亜科はすべて父系の社会構造をしている．これらのサルはテナガザルぐらいの体重で，マカク類やヒヒ類と比べて初産年齢が高く，出産間隔が長い．新世界ザルはすべて樹上性で，熱帯雨林を出ることなく進化してきたと考えられる．こうした環境で，クモザル亜科は類人猿と似た社会性を発達させたのである．それは，遅い生活史戦略と組み合わされて進化して来たに違いない．

非母系的な社会をもつ種の間には，メスが他個体と繁殖協力を結ぶかどうかという違いがある．ゴリラのオスは子どもがまだ授乳している頃から密接に接触するようになる．類人猿の中で最も体が大きいにもかかわらず，ゴリラの子どもが最も離乳が早いのは，オスが子育てへ参加して母親が子どもから離れやすくなるためという可能性がある．チンパンジーのメスは，血縁関係が遠いとはいえ同じ群れに共存する他のメスと育児協力をするが，単独生活をするオランウータンのメスはほとんど他のメスと触れ合うことはない．オランウータンのメスは，まず交尾相手を選ぶまでに時間がかかり，さらに離乳をして十分繁殖条件を整えるのに他の種より年数がかかるのではないかと思われるのである．

3・3　人類の生活史の特徴

人類も類人猿と同じようにゆっくりした成長と繁殖によって特徴づけられる．しかし，興味深いことに出産間隔は類人猿よりずっと短い．現代人では2歳違いの兄弟や姉妹はふつうに見られるし，年子も珍しいことではない．これは，授乳期間が短いことと，授乳中でも妊娠することが原因と考えられる．現代人ではふつうは1年以内，遅くとも2, 3年で離乳する．しかも，たとえ子どもがお乳を吸っていても，次の子を妊娠することが多い．人類は類人猿より多産の性質をもっているのである．

人類が多産になったのは，森林から樹木の少ない疎開林へ，そしてサバンナへと出て行った時代に違いない．人類の祖先は，現代人より大きな体格をしていたわけではないし，類人猿よりずっと小さな犬歯しかもっていなかった．肉食獣の多いサバンナではおそらく死亡率も高かっただろう．人類の祖先はオナガザル類のように多産の道を歩んだのである．

　しかし，オナガザル類と違って人類は成長速度を速めることはなかった．初産は十代の後半だから，むしろ類人猿より遅いぐらいである．これは，人類が成長を早め，繁殖期を早めて多産になったわけではないことを示している．しかも，人間の子どもは離乳が早いといってもすぐにおとなと同じものが食べられるわけではない．永久歯が生えてくるのは6歳からで，それまでは離乳食や柔らかく加工した食物をもらわねばならない．類人猿の子どもは離乳したとき，もうおとなと同じように野生の食物を独力で探し，食べられるようになっている．なぜ人類は自立できない幼児を何人も抱えるような特徴を発達させたのだろうか．

　それは人類の祖先が直立二足歩行を始めたこと，脳を大きくしたことと深い関係がある．後述するように，人類が類人猿との共通祖先から分かれて最初に獲得した人間らしい特徴は直立二足歩行だった．類人猿並みの400〜500ccだった脳が大きくなり始めたのは，それから少なくとも300万年以上経ってからである．サバンナに進出した人類の祖先は，おそらく出産間隔を縮めて多産に向かっていただろうが，成長を類人猿より遅らせてはいなかっただろうと思われる．ところが，脳が大きくなり始めると困った問題が生じた．直立二足歩行をするために，人類の骨盤は皿のように横に広がり，内臓の重さを受け止められるようになっている（図3・3）．さらに足を伸ばすための筋肉の付着部を確保しているので，あまり横に広げることもできない．このため，構造上の制約がかかり産道を大きくできない．初めから脳の大きな子どもを産めば，類人猿並みの成長速度で大きな脳をつくれる．しかし，脳の大きな子どもを産めなかったので，人類は成長速度を調節することになったのである．

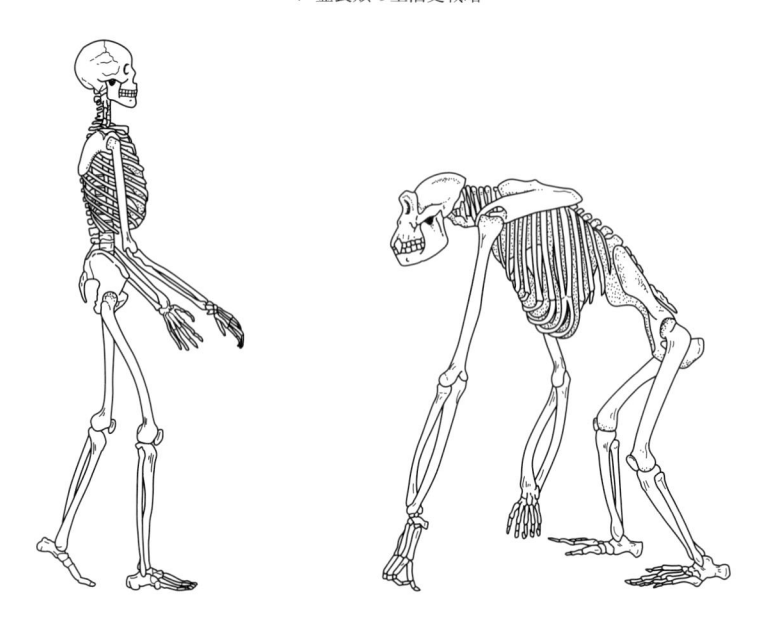

図 3·3　類人猿とヒトの骨格の比較 [3-3)]

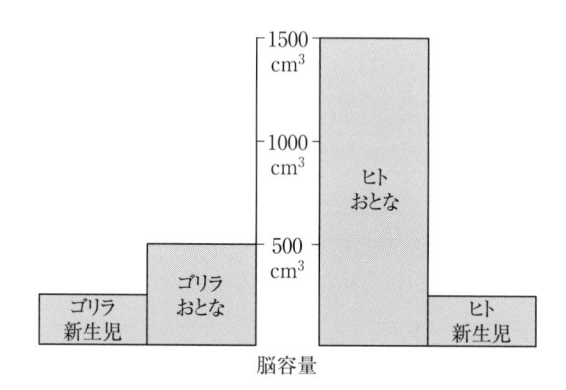

図 3·4　ヒトとゴリラの新生児とおとなの脳容量の比較 [3-2)]

類人猿の新生児の脳はおとなの約半分の大きさである．それが4歳までにおとなの脳の大きさに達する．現代人の新生児の脳はおとなの脳の4分の1か5分の1の大きさしかない（図3・4）．それが最初の1年間で2倍に成長し，5歳になるまでにおとなの脳の9割になり，10歳でやっと現代人の脳の大きさ（1400〜1500cc）に達する．つまり，現代人は胎児の成長速度で脳を早く発達させ，その期間を延長させることでおとなは新生児の4倍以上の脳をもてるようになったのである．しかし，脳はエネルギーを食う器官である．成人でも脳は体重の2％しかないのに基礎代謝量の20％のエネルギーが消費される．新生児では全消費エネルギーの65％が脳の成長に費やされている．そのため，現代人の子どもは脳が成長している間，身体の成長をお預けにして脳にエネルギーをまわさねばならない．人間の子どもの体がなかなか成長しないのはこのためである．

　この脳の拡大に伴う成長速度の変化によって，人類の生活史は三つの不思議な特徴をもつことになった（図3・5）．一つはすでに述べた，離乳してもおとなの食物が食べられない「子ども期」である．二つ目は体が成熟してい

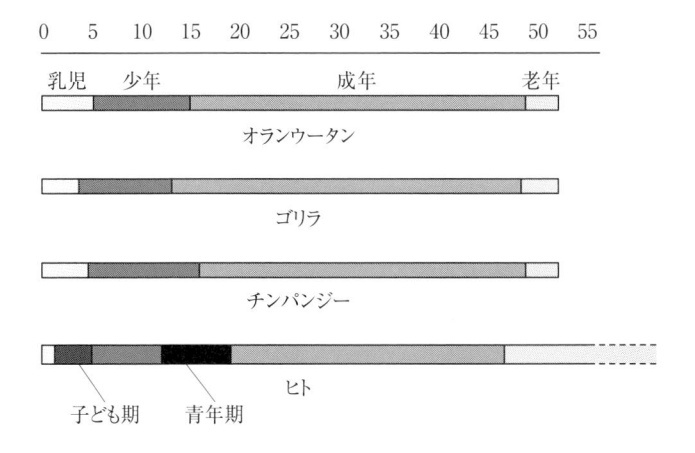

図3・5　ヒト上科の生活史
　ヒトには子ども期と青年期が存在する．

るのに繁殖にまだ参与できない「青年期」，三つ目は繁殖を終えてから迎える「老年期」である．人類以外の霊長類にはこういった時期がないし，老年期もわずかしかない．身体の成熟は精子や卵子の生産をともない，繁殖がすみやかに起こる．また，閉経するとまもなく寿命を終えることが多い．これは霊長類に限らず，どの哺乳類にも共通している特徴だ．

　なぜ，人類に青年期があるのか．これも実は脳の成長と関係がある．思春期を迎え，脳がおとなの大きさに達して，身体にエネルギーを回せるようになる．そこで身体が急速に成長するとともに繁殖能力が発達する．これを「思春期スパート」と呼ぶ．二次性徴が発達するのもこの頃だ．男は肩幅が広く，ひげが濃くなり，女は腰に丸みが出て乳房が発達する．精子の生産能力や初潮はこの頃発現するが，男の子が完全なおとなの体になり，女の子がおとなの排卵頻度や骨盤を完成させるにはさらに数年を要する．この期間は繁殖を開始しにくいし，たとえ性交渉をもっても妊娠しないことが多い．

　この時期になかなかおとなの体にならない理由として，成長期はなるべくおとなとの競合を避けるようにできているという説がある．すぐにおとなの体になってしまうと成人間の争いに巻き込まれて傷つく危険があるので，それを避けながら上手におとなになるという考えだ．最近，思春期スパートが人間以外のヒヒや類人猿でもあることがわかってきた．とくにオスにはっきり認められることが多い．これは，オスのほうが同性間の競合によって傷つく機会が多いことを反映している可能性がある．カニクイザルやニホンザルでは，若いオスは成熟する前に群れを離れてオスばかりの集団をつくったり，群れの周辺部にいてメスとの接触を減少させることが知られている．これは若いオスたちがまだ体格では成熟メスとの競合に勝てないので，同じような未熟なオスたちで過ごし，体を完成させてから群れに入ってメスたちと対等以上に付き合おうとする対策だという説がある．

　閉経は人間だけに見られる不思議な現象である．なぜ，繁殖能力が消失した後何年も人間は生きるのか．類人猿の寿命は約50年で，繁殖能力もその直前まで旺盛である．ところが，現代人の女性は40代で繁殖能力が急速に

衰え，50歳前後で停止するにもかかわらず，その後70歳，80歳を超えて生き続ける．もちろんこれが近年の現象で，栄養状態の改善によって寿命が延びただけという考えもある．女性が一生のうちに生産できる卵の数は限られているという意見もある．しかし，もし限られているなら何度も妊娠している女性は，その間卵を生産していないのだから閉経が遅れてもいいはずである．また，寿命と一緒になぜ繁殖期間も延びなかったのだろう．人間と同じくらい寿命の長いゾウは60歳代でも子どもを産んでいるのである．人間は寿命を延ばしたのに，繁殖を早く停止するように生活史を調節しているように見える．

東アフリカのサバンナで暮らす狩猟採集民ハッザの調査から，面白いことが報告されている．果実やハチミツなどの採集は女たちの重要な生計活動だが，若い女性や幼児をもつ妻に比べて閉経後の女性のほうが多くの食料を得ていたのである．他の地域で暮らす狩猟採集民でも，年をとると男の食物生産（獲得）量が急減するのに比べて，女は70歳近くまで落ちないことが報

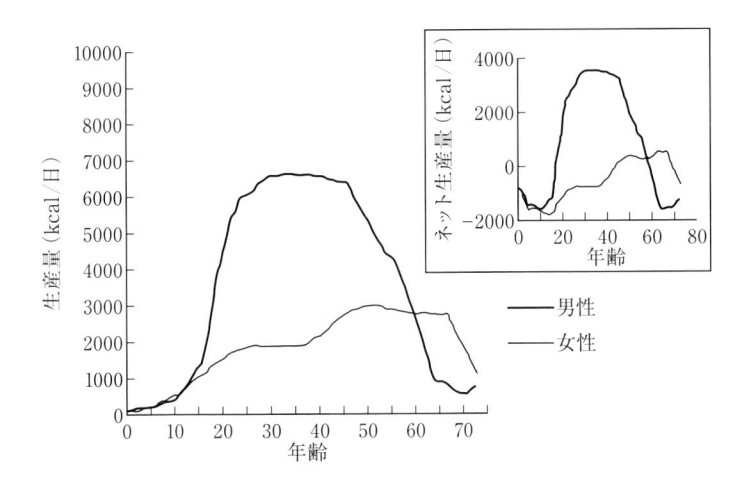

図3・6 狩猟採集民アチェ（パラグアイ），ヒウィ（コロンビア），ハッザ（タンザニア）の平均値で比べた男女の食物生産量の年齢変化 [3-1]
45歳を過ぎると男性の生産量は急減するが，女性は60代半ばまで落ちない．

告されている（図3・6）．年配の女性は長い経験と豊富な知識からどこに果実やハチミツがあるかをよく知っている．そのため効率的な採集ができ，また手のかかる幼児を連れていないので長時間をかけて広い範囲を歩き回れる．経験と知識は何十年に一度しか起こらない天災のときに多大な効力を発揮する．飢饉のときにどんな食物を食べて生き延びるか，一度飢餓を経験したものがいれば集団全員の生存率が上がる．

　これらの事例から，人類学者のホークスは「祖母仮説」を提唱した．人類の女性は，閉経を前倒しにして自分の出産を早く停止し，若い世代の近縁者の繁殖に手を貸すことによって自らの繁殖成功度を上げたというのである．前述したように，人間は直立二足歩行によって強い制約がかけられた産道から，脳の大きい子どもを産まねばならない．このため難産という危険を背負うことになった．出産によって自分が命を落とす危険や，生存力の低い子どもが生まれる確率も，加齢とともに高くなる．それよりも孫の成長を助けるほうが効果的であるなら，閉経が早まり，閉経後の寿命が長くなるような淘汰圧がかかる可能性は十分にある．

　「祖母仮説」は，人類の生活史に特徴的な「子ども期」の存在とも関連をもつ．母親が成長の遅い幼児を何人も抱えることができたのは，閉経した年配の女性の援助があったためだと思われるからである．人間は文化を超えて，母親が産んでまもないうちに赤ん坊を他の人に託すという特徴をもっている．類人猿はどの種のメスも生後1年は母親が赤ん坊を手放すことはめったにない．人間の母親は近親者に子育てを任せられる手段があるために，成長の遅い子どもを立て続けに産む不思議な生活史戦略を進化させることができたのである．その最初の頼もしい担い手は閉経した女性だったに違いない．

　実は最近，面白いことがわかってきた．霊長類とは系統が遠く離れているが，知性が高い海の哺乳類で閉経があることが判明したのである．シャチやコビレゴンドウというクジラの仲間は肉食で，獲物を捕る際に知的な追い込み技法や仲間との協力をすることが知られている．そして，メスは40歳前後で繁殖をやめ，60歳頃まで生きるというのだ．これらのクジラ社会は母

系で，血縁関係のあるメスたちが生涯まとまって暮らす．自然状態での観察が難しいので，まだ祖母が積極的な育児協力をするかどうか確かめられていないが，経験豊かな年配のメスがいるだけで幼児の生存率が上がっている可能性がある．

　集団生活をする霊長類の多くは，オスだけが集団間を渡り歩く母系の社会で暮らしている．しかし，類人猿の社会はなぜかメスが親元を離れて繁殖を始める非母系の特徴をもっている．とくに人間に最も近縁なチンパンジーはメスだけが集団間を渡り歩く父系社会を作る．こういった社会では祖母が娘の育児を手伝うといったことは起こりにくい．ただ，父系社会は母系社会と完全に対照的なわけではない．子育ての負担が大きいメスは，オスほど自在に集団を渡り歩かないからだ．ときには祖母から孫まで血縁関係のあるメス3世代が同じ集団に共存することがある．しかも，メスが長期間一つの集団に滞在し続ければ，たとえ娘が出て行ってしまっても息子の子どもが育児援助の対象になるかもしれない．父系の集団でも閉経が進化する可能性があると思われる．

　人間の社会が他の霊長類社会と異なるのは，人間は集団を移っても元の集団との関係を完全には断たないことである．娘は他の家族に嫁いでも，親たちと付き合いを続ける．それは家族が独立した集団とはならずに，他の家族と集まって親族集団や地域社会という上位の集団を編成するからだ．このような重層的な社会では，父系であっても閉経を迎えた母親が娘の育児を手伝うことが可能だろう．人類の特異な生活史戦略は，家族という人類に特有な社会単位が登場してから発達したのかもしれない．

4 霊長類の性と進化

4・1 霊長類の性の特徴

　霊長類のメスには他の哺乳類と同じように卵巣周期があり，真猿類には人間のような月経が見られる．メスの発情は，この周期に合わせて2種類の性ホルモンが変動することによって起こる（図4・1）．排卵直前にエストロゲン（発情ホルモン）が急激に増加し，排卵後はエストロゲンが減少するとともにプロゲステロン（黄体ホルモン）が徐々に上昇する．メスの発情はエストロゲンの増加によって引き起こされ，プロゲステロンは発情を抑制する効果をもつのである．オスの発情はこのようなはっきりした周期性をもたない．オスの発情は，メスの発情徴候によって引き起こされる．ニホンザルのように季節的な発情を示す種では，エストロゲンの量が交尾季に限って変動し，それ以外の時期には低いレベルに抑えられている．

　発情徴候は種によってさまざまである．ニホンザルは顔と尻が紅くなるし，チンパンジーは性器の周りの皮膚（性皮）がピンク色に大きく腫れる（図4・2）．マンドリルは性皮が赤紫色に腫れるし，ゲラダヒヒは胸の部分に露出している3角形の皮膚が紅潮する．ボンネットモンキーやオランウータンのように，発情しても全く外見上の変化を示さない種もある．これらの発情徴候は，霊長類のそれぞれの分類群で独立に進化したと考えられている（図4・3）．たとえば，性皮の腫脹はヒヒ類にはすべての種に見られるが，マカク類では半分くらいの種にしか見られない．コロブス類でもアカコロブスは腫

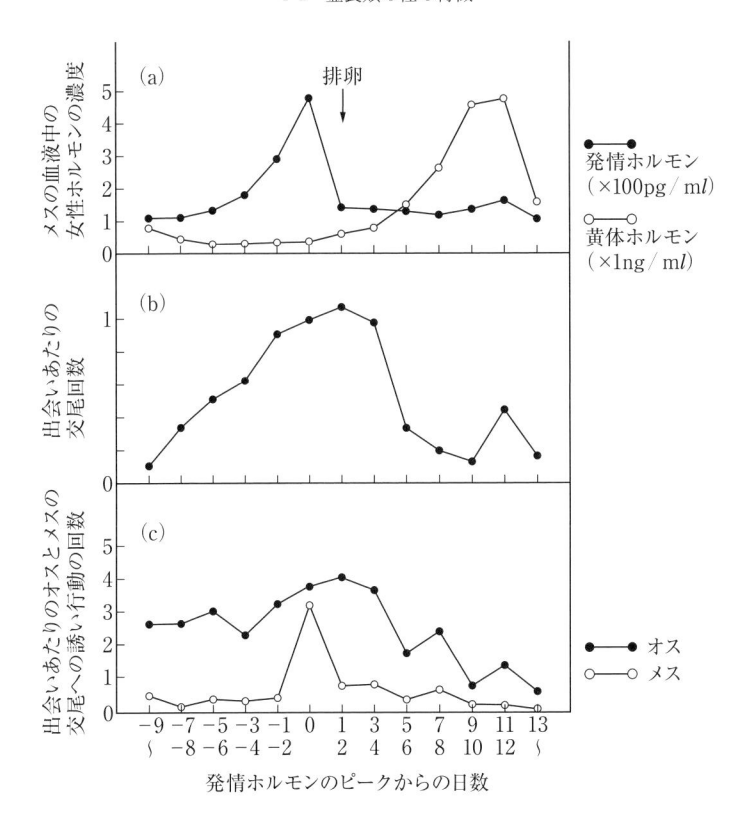

図4・1 ニホンザルの月経周期にともなうホルモンと性行動の変化[4-9)]

脹するがクロシロコロブスは腫脹しない．類人猿でもチンパンジーやボノボの性皮は大きく腫れるのに，オランウータンやゴリラは外見上わからない．

腫脹の仕方も多様である．チンパンジーは性器の周りがフットボール状に腫れるが，ブタオザルは尾の付け根から肛門の周りが大きく腫れる．マントヒヒの腫脹はまるで尻が二つできたように巨大で，メスだけでなくオスの尻も腫れる．また，腫脹している期間も決まっていない．だいたいはエストロゲンの上昇とともに腫脹の程度が大きくなり，排卵直前に最高レベルに達するが，ずっと腫れ続けていたり，少ししか腫れないメスもいる．ニホンザル

76　　　　　　　　　　　4. 霊長類の性と進化

ホオジロマンガベイ　　シロカンムリマンガベイ　　マンドリル

チャクマヒヒ　　オリーブコロブス　　チンパンジー

タラポアン　　ブタオザル　　クロザル

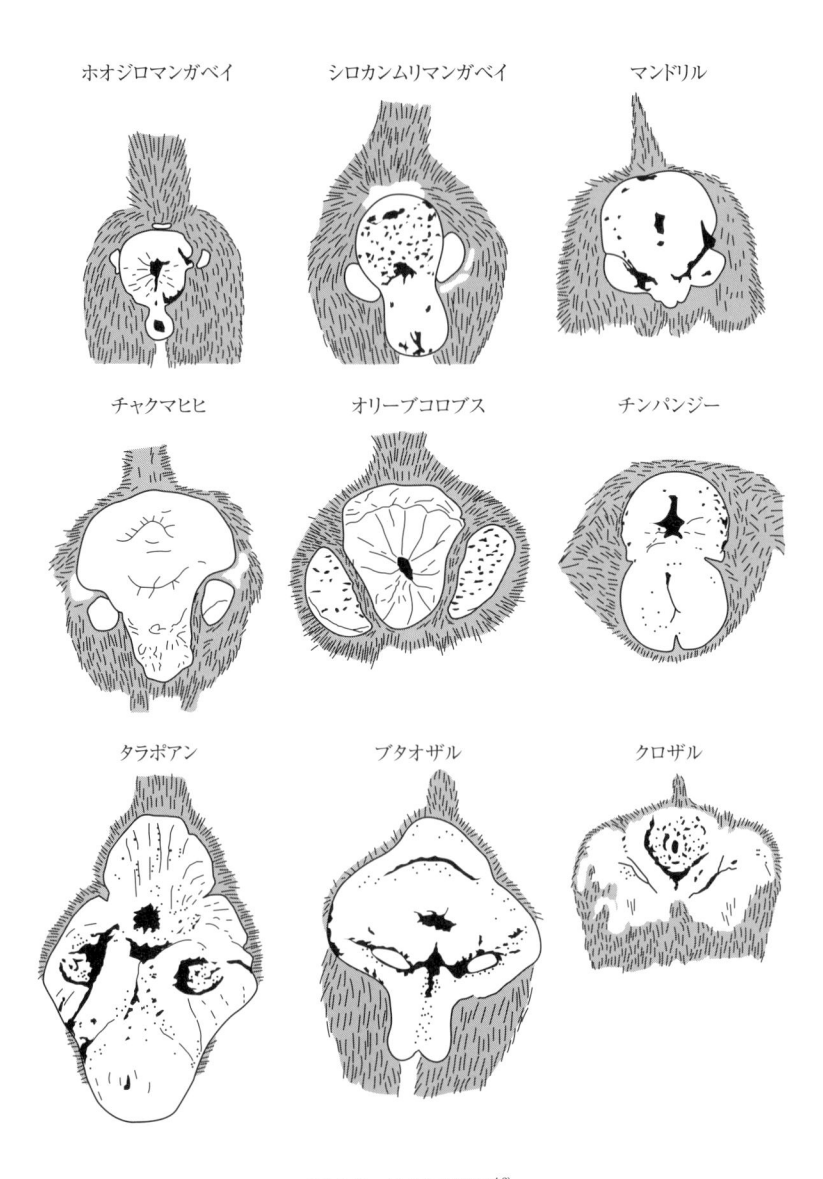

図 4・2　性皮の腫脹 [4-2)]

4・1　霊長類の性の特徴

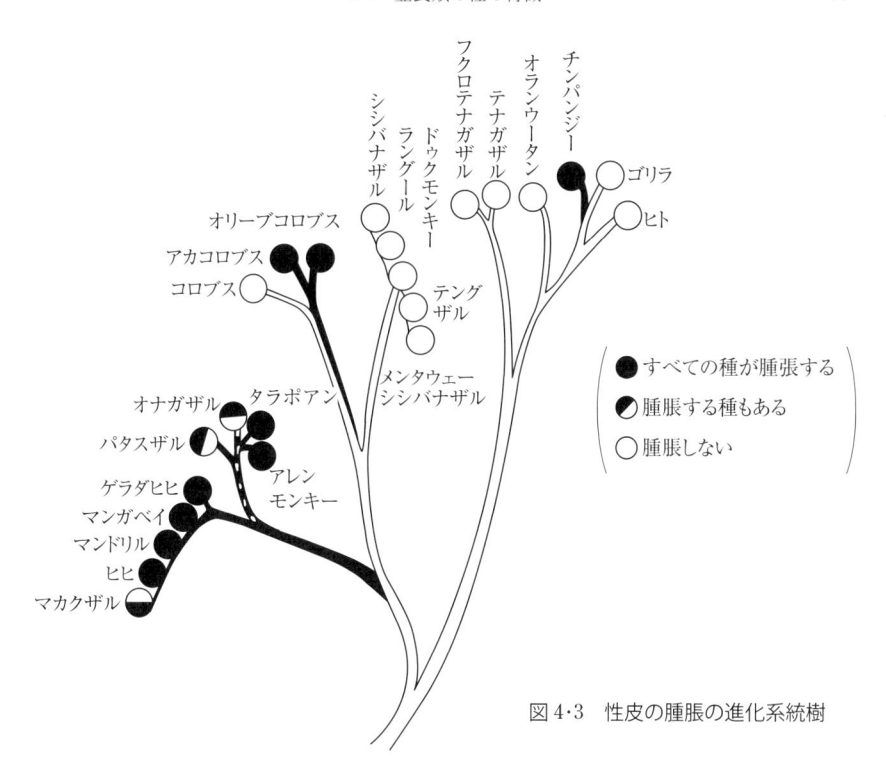

チンパンジー
オランウータン
テナガザル
フクロテナガザル
ドゥクラングール
シシバナザル
ゴリラ
ヒト
オリーブコロブス
アカコロブス
コロブス
テングザル
メンタウェーシシバナザル
オナガザル
タラポアン
パタスザル
アレンモンキー
ゲラダヒヒ
マンガベイ
マンドリル
ヒヒ
マカクザル

● すべての種が腫張する
◐ 腫脹する種もある
○ 腫脹しない

図4・3　性皮の腫脹の進化系統樹

では若いメスの性皮は腫れるが，成熟すると腫れずに色だけ赤くなる．

しかも，性皮が腫脹していて発情が明らかであっても交尾するとは限らない．メスは交尾する相手を選び，気に入らないといくらオスが誘っても交尾に応じない．霊長類のオスはわずかな例外（オランウータン）を除いて，オスがメスに交尾を強制することはない．メスが拒否すれば交尾は成立しないのである．また，オスもメスの発情に反応して発情するが，どのメスとも交尾するわけではない．メスからの誘いを無視したり拒否したりすることもある．さらに，霊長類は精巣や卵巣を除去しても発情することが知られている．性行動はホルモンの変動に完全に支配されているわけではなく，大脳の働きや経験によって左右され，とくに交尾相手の選択には複雑な要因が影響していると考えられる．

ただ，排卵がメスの交尾相手の選択に微妙な影響を与えていることは示唆されている．ニホンザルのホルモン動態をモニターしながら，オスとメスの出会いあたりの交尾数と交尾への誘いの頻度を見てみると，雌雄で大きな差があることがわかる（図4・1参照）．たしかに交尾数はエストロゲンの上昇に伴って増加し，プロゲステロンの上昇に伴って減少する．しかし，エストロゲンが下降してもすぐに減少するわけではない．これはオスとメスの交尾の誘いにおける違いを反映している．メスは排卵日に交尾の誘いが急激に上昇し，排卵が終わるとすぐに誘いを止める．しかし，オスは排卵日のずいぶん前から交尾の誘いを示し続けており，排卵日が過ぎても誘いを止めようとはしない．オスの射精した精子はメスの膣の中で72時間しか活性を保てない．だから，それ以前や排卵日を過ぎた交尾は妊娠には結びつかないはずである．オスは明らかにメスの排卵を認知していないのである．メスだけが排卵日に対応して交尾の誘いを増加させるが，排卵を察知できないオスはその前後に妊娠に結びつかない交尾を繰り返す．ニホンザルのメスは排卵日に交尾相手を変えることも報告されている．明らかにメスは排卵日の交尾とそれ以外の交尾を分けて行動しているのである．

4・2　発情の季節性

ニホンザルのように，季節変化のはっきりした環境に生息する霊長類が発情の季節変動を示すのは容易に理解できる．果実の豊富な秋に発情季を迎え，食物の少ない冬を秋に貯めた脂肪で乗り切る．そして，タンパク質に富んだ若葉が豊富に得られる春に出産して，新生児に授乳しながら昆虫類が増える夏を迎える．厳しい冬を冬眠によって乗り切る哺乳類もいる．季節による食物の変化に対応して，ニホンザルは出産季と発情季を分けたのだと考えられる．

しかし，熱帯にも季節はある．雨季と乾季である．熱帯雨林のど真ん中では乾季はほとんどないが，中心部から離れるとしだいに乾季が長くなる．ま

た，常緑樹ばかりでなく，乾季に葉を落とす落葉樹が多くなる．水分の少ない乾季はなるべく代謝を減らしてしのごうという植物の対応策である．マダガスカル島では乾季が半年近くあり，この時期は霊長類が食べる果実も葉も不足する．原猿類の中には，乾季に冬眠のような状態になって代謝を落とす種もあるし，尾に脂肪を蓄えてしのぐ種もある．

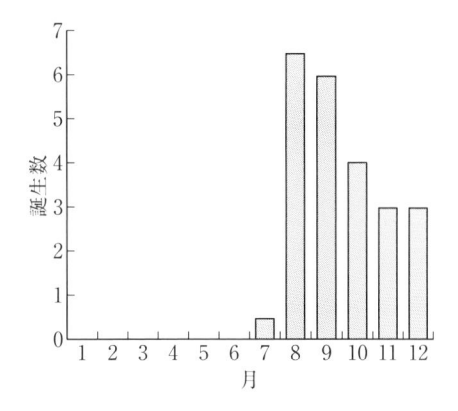

図4・4　ウーリーモンキーの出産の季節性[4-10]

　こういった季節変化に対応して，ある季節に出産や発情が集中する種が見られる．たとえば，アマゾンの熱帯雨林に生息するウーリーモンキーは，交尾は周年観察されるものの，出産は1年の後半の雨季に限定して起こる（図4・4）．おそらくこれは，排卵や妊娠のしやすさ，あるいは流産の率などの繁殖生理に季節的な違いがあるためであろう．

　乾季が4か月続くタンザニアのゴンベに生息するチンパンジーは，周年発情する．発情メスの数は雨量や気温と有意な相関はない．しかし，チンパンジーは授乳期が長く，この間は発情しない．授乳がいつ終わるかによって，発情の時期も影響を受ける．そこで，まだ授乳した経験のないメスが初発情を迎える月を見てみると，明らかに一年の後半に偏っていることがわかった．さらに，こういう初発情のメスの数とチンパンジーの好む果実の量とを比べてみると，両者の間に正の相関が認められた（図4・5）．つまり，チンパンジーは質の高い食物が多い時期に初めての発情を迎えるという傾向があることになる．食物の質や量が季節的に大きく変動する環境では，霊長類の繁殖生理はそれに応じて変化することが多いのである．

　こうした季節による生理状態の変化は社会構造にも大きな影響を与える．一年のある時期だけいっせいに発情する種と，周年どの時期でも発情する

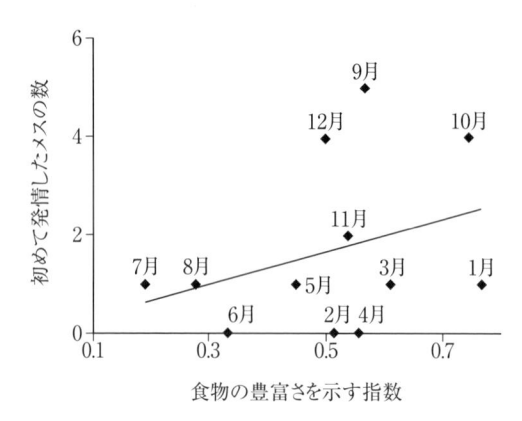

図 4·5 コートジボワール,タイ森林のチンパンジーの発情開始と食物の量[4-1]

種に分けてみると,前者は複雄複雌群をつくる種が,後者は単雄複雌群をつくる種が多いのである.前者は複数のメスが同時に発情するので多くのオスを引きつけ,乱交的な交尾がよく起こる.後者はメスがかわるがわる発情するので,1頭のオスが複数のメスと独占的に交尾関係を結ぶことが可能である.とくに,交尾季をもつ種は例外なくすべて複雄複雌の群れ構造をもっている(表 4·1).メスの発情の同調と交尾相手の選択は,一つの集団に共存できるオスの数を決定する要因になっているのである.

社会構造はオスの生殖生理の特徴とも対応している.オスの睾丸は,体重が大きい種ほど大きくなる傾向があるが,同じような体重の種では複雄複雌の群れを作る種のほうが単雄複雌の群れを作る種より睾丸が大きい(図 4·6).これは,複雄複雌群で起こる乱交的な交尾様式がオスの精子競争を促進した証拠と考えられている.複数のオスが次々に発情メスと交尾していくような状況では,たとえ優位なオスでも他のオスの交尾を完全には妨げることができない.メスの膣の中では複数のオスの精子が卵子めがけて受精しようと争う.そこで,たくさんの元気のいい精子を生産できるほうが有利なので,

表 4·1 交尾季の有無と群れ構成[4-5]

	交尾季		フィッシャーの正確確率検定
	ない	ある	P
種			
複雄群	4 種	18 種	0.0000033
単雄群	12 種	0 種	
属			
複雄群	2 種	9 種	0.0003
単雄群	9 種	0 種	

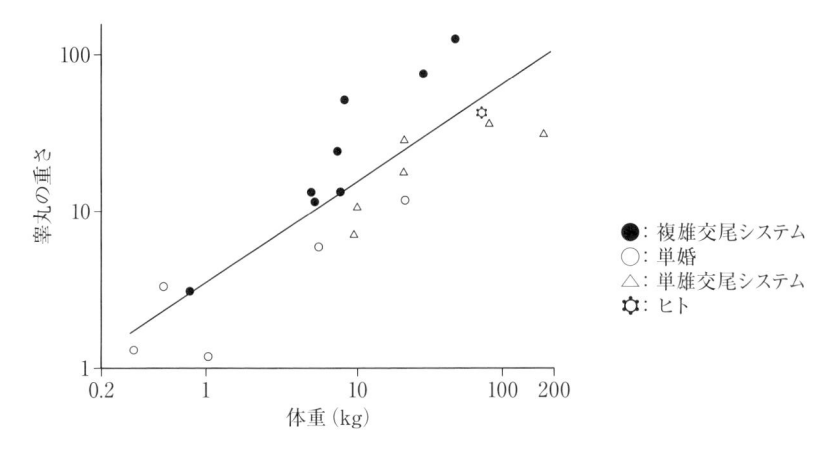

図 4·6 霊長類の各属における睾丸の重さと体重の相関[4·3]

それが可能なように睾丸が大きくなったというわけだ．これに対して，単雄複雌の群れを作る種では，1頭のオスが他のオスを排除してしまえばすべてのメスと交尾関係を結べる．精子の多さや活性度ではなく，身体の強さが功を奏する．そのため精子競争はなく，睾丸が発達する必要はなかったと考えられる．これは，ペアの群れを作る種でも同じことが言える．

4·3 類人猿の性

類人猿は社会構造も多様だが，それに対応するように性の特徴も種や属によってさまざまである．

ペアの群れをつくるテナガザルは発情徴候が外見からはわからない．オスとメスの体重差がほとんどなく，オスの睾丸も小さい．交尾はメスの排卵が起こる1〜2日しか見られず，交尾も1分程度で終了する．オスとメスが繁殖の要求をできるだけ一致させるようにさまざまな特徴を発達させた結果だと考えられる．

オスもメスも単独生活をおくるオランウータンは，類人猿の中で体格にお

ける性的二型が最も大きい．成熟するとオスの体はメスの2倍に達し，両頬にメスにはない肉のパッド（フランジ）が発達する．これは，単独生活をする霊長類としては奇妙な特徴である．原猿類には単独生活をする種が多いが，すべてオスとメスの体格上の違いが小さいからである．なぜオランウータンには大きな性差があるのか謎であるが，過去に集団生活をしていて二次的に単独生活になったのかもしれない．単雄複雌でも複雄複雌でも性的二型の大きい種がいるからである．ただ，オランウータンはテナガザルのようにメスが外形的な発情徴候を全く示さない．もともと発情徴候を示さなかったのか，単独生活をするようになってから発情徴候を失ったのか．はっきりしたことはわからないが，単雄複雌でも複雄複雌でも発情徴候を示さない種がいるので，どちらもあり得る話である．

　面白いことに，最近オランウータンのオスには二つのタイプがあることがわかってきた．フランジをもつ大きなオスは複数のメスの遊動域を含む大きな遊動域をもち，他のオスと敵対的な関係にある．喉には大きな袋があって声を増幅し，ロングコールと呼ばれる大きな声を発する．この声で他のオスを遠ざけ，メスを引き寄せて交尾をする．ところが，成熟してもフランジを発達させないオスがいる．これらのオスはこれまで若いオスと見なされていたが，十分成熟しており，メスと交尾もするのである．しかしフランジオスとは違い，ロングコールは発しない．メスの遊動域を渡り歩いて，出会ったメスに交尾を強要する．抵抗するメスにほとんどレイプに近いやり方で交尾を強要するという．オスがフランジをもつかもたないかは，社会的状況に関係があるようだ．近くにフランジのオスがいると若いオスはなかなかフランジを発達させないが，フランジオスがいなくなると急速にフランジをもつようになる．オランウータンのオスは外形的な特徴で，メスをめぐる同性間の競合関係を調整しているのである．

　ゴリラのオスは成熟すると背中の毛が鞍状に白くなる．このため，これらのオスをシルバーバックと呼ぶ．シルバーバックには喉から大胸筋の下にかけて大きな共鳴袋が発達していて，大きく太い声が出せる．また，両手の

平で胸をたたくと太鼓のような音がして，これを遠距離間のコミュニケーションに用いる（図4・7）．シルバーバックどうしが自己主張し，直接の接触を避けて互いに距離を取り合うために，この胸たたきを用いていると考えられる．シルバーバックの後頭部は成熟するにつれて大きく盛り上がり，メスの平たい頭とは好対照をなすようになる．体重もオスはメスの1.6倍はある．このように，オスとメスの特徴が大きく違っていることは，ゴリラの社会構造や繁殖様式に深く関係している．ゴリラは単雄複雌群を基調とする群れを作

図4・7　ゴリラのシルバーバックの胸たたき

り，メスは外形的な発情徴候をほとんど示さない．若いメスは陰部がわずかに腫脹するが外からはほとんどわからない．発情期間も排卵日に相当する2日間だけで，交尾時間も1.6分と短く，テナガザルによく似ている．オスの睾丸も体重に比べて小さい．これは，ゴリラが常にまとまりのいい群れを作って遊動しているためと思われる．メスは発情徴候を顕在化させて複数のオスを引き付けることをせず，いつもそばにいるオスに排卵を知らせる．ただ，オスはメスの排卵を認知できないので，常にメスたちのそばにいて他のオスを排除するような行動を発達させたと考えられるのだ．背中がまだ黒い若いオスはシルバーバックから排除されず，一つの群れに共存できる．しかし，オランウータンの非フランジオスのように，成熟したオスの特徴を身につけずに性的に成熟するようなオスは知られていない．

　チンパンジー属は，チンパンジーとボノボという二つの種に分かれる．

DNAの塩基配列の違いから約200万年前に分岐したと推測されている．ちょうど人類ではホモ属が現れた頃で，アウストラロピテクスとホモの違いに匹敵すると考えられる．チンパンジーとボノボは性の基本的な特徴はよく似ている．たとえば，両種のメスは発情すると同じように性皮を腫脹させるし，発情する期間も排卵前の2週間前後と長い．オスの睾丸は体重に比べて大きく，交尾はせいぜい10数秒しか続かない．複数のオスが発情メスに群がり，乱交的な交尾関係を結ぶ．精子競争が促進されてきたと考えられる．

しかし，いくつかの特徴でチンパンジーとボノボは違いを示す．ボノボの発情期間は2週間以上続くことがある．とくに若いメスで著しく，性周期の間ずっと性皮を腫脹させて発情していることもあるという．しかも，前述したように，ボノボのメスは出産後1年で発情を再開する．このため，出産後3，4年は発情しないチンパンジーのメスに比べて，ボノボの群れでは多くのメスが同時に発情することになる．こういう状況では，たとえ優位なオスでも発情メスと独占的な交尾関係を結ぶことは難しくなる．ボノボの交尾がほぼ完全に乱交的なのはここに理由があると思われる．これに対して，チンパンジーの優位なオスは発情メスのそばから他のオスたちを排除し，独占的に交尾を行うことがある．近年，マイクロサテライト法を用いて父子判定を行った結果，最優位なオスがよく子どもを残しているという結果が出た．ただ，劣位なオスは発情メスと示し合わせて逃避行を決め込むことがある．これは，単独性が強いチンパンジーのメスだからこそ可能になる行動である．

チンパンジーとボノボの性の特徴は両種の社会の違いに密接なつながりがある．メスが頻繁に発情し，オスと乱交的な交尾関係を結ぶボノボの社会では，オスどうしが競合することなしにまとまりのいい複雄複雌群をつくっていられる．しかし，メスの発情が限られているチンパンジーの社会ではオス間にメスをめぐる競合が強く，優位なオスが交尾を独占するといった事態が起こる．このため，オスどうしは連合関係を結んで社会的地位を上げようとし，メスは発情していないときはあまりオスと行動をともにしない．メスが分散しているからこそ，血縁関係のあるチンパンジーのオスたちは結束して

4・4 ホモセクシュアル行動

ボノボのメスは頻繁に性皮を腫脹させ，オスを誘って交尾をするが，メスに対しても性交渉を行う．向き合った姿勢で腫れた性皮を付け合い，横向きに振ってこすり合わせるのである．顔の表情や声などから明らかに性的快感を得ていると考えられるが，性皮が腫れていなくてもこすりあわせることがある．このホモセクシュアルな行動は社会的緊張が高まったときによく起こり，緊張を下げて闘争を回避する効果があると見なされている（図4・8）．

性器こすりを行うのは，群れに入ってきたばかりの新参のメスが多い．ボノボの社会では群れ間を移籍するのはメスだけで，移籍したばかりのメスは見知らぬメスやオスたちとまず親和的な関係をつくらねばならない．その際，性器こすりが多用される．新顔のメスはとくに古顔のメスに対して性器こすりを誘うようだ．ボノボの群れではメスがオスよりも優位な態度を示すことがあるので，新顔のメスはまずそれらの優位なメスたちに認められようとするのだろう．このようなメスどうしで性器をこすり合わせる行動はチンパンジーには見られず，他の霊長類にも報告されていない．おそらくボノボとチンパンジーの祖先が分岐してからボノボにだけ発達した特徴だろう．この行動もボノボが同性間の葛藤を高めずにまとまりのよい群れをつくることに貢献している．

ボノボのオスも時折，向き

図4・8 ボノボの性器こすり（古市剛史撮影）

合ってペニスを触れ合わせたり,互いに背を向けて尻を付け合う行動を示す.これらも性器接触行動の一つで,やはり社会的緊張が高まった際に起こり,緊張を下げる働きがあると考えられている.しかし,メスどうしの性器こすりほど頻繁ではなく,性的快感があるかどうかも定かではない.

ホモセクシュアルな行動は,霊長類では一般にメス間よりもオス間によく起こる.しかし,その多くは性的な喚起のない社会交渉で,緊張を緩和する機能をもった宥和行動だと考えられている.ニホンザルのオスはオスどうしで交尾姿勢とそっくりなマウンティング(馬乗り行動)をするが,雌雄の交尾のように何度もマウンティングを繰り返すことはない(図4・9).一方のオスが他方のオスの腰に乗って,腰を前後に軽く動かして下りる.飛行機が飛んだり,犬などの外敵が現れたり,けんかが起こった後などに,オスどうしのマウンティングがよく起こる.一種のあいさつのような機能ももっている.乗るほうと乗られるほうに役割が分かれるが,どちらが優位ということはない.マントヒヒのオスどうしは,よく出会いがしらに手でペニスを触り合うが,これもあいさつの一種と考えられている.単雄複雌の構成の群れをもつオスどうしは,こうしてあいさつを交わすことで互いに領分を侵さないことを確かめ合っているのだろう.

性的喚起のあるホモセクシュアル交渉が起こることもある.だが,それは発情季か発情したメスのいる状況に限られている.霊長類のオスはふつうメスの発情した刺激を受けなければ発情しないからである.ニホンザルの仲間のベニガオザルやチベットモンキーは,

図4・9　ニホンザルの交尾姿勢(マウンティング)

オス同士で多様な性交渉をすることが知られている．肛門性交，フェラチオ，相互のマスタベーションなどがあり，まだ性ホルモンが分泌していない幼児もこういった交渉に含まれていることがある．また，京都府嵐山のニホンザルでは，メスどうしが交尾季にぴったり寄り添って排他的な性交渉を結ぶことがある．これらのメスたちは交尾のようなマウンティングをしたり，対面して抱き合ったりして1日を過ごす．オスたちには目もくれず，ひたすらメスどうしで交渉を続けるペアもいる．交尾季に起こり，どちらか，あるいは双方のメスが発情している．

しかし，ゴリラのオスたちは発情したメスのいない状況でも，性的喚起のあるホモセクシュアル交渉を結ぶ（図4・10）．私が観察したマウンテンゴリラのオスグループは，メスのいる群れとは遠くはなれて暮らしていた．にもかかわらず，6頭のオスたちの間で交尾にそっくりな交渉が頻繁に起こった．若いオスが誘い，年長のオスが背後から抱いて腰を前後に動かして，交尾のような音声を発し，射精も見られた．2頭のシルバーバックは互いに交渉の相手を重複させず，競合を避けようとする傾向が見受けられ

図4・10 ゴリラのホモセクシュアル行動
上：青年オスと子どもオス，下：成年オスと子どもオス．

た．これは，ホモセクシュアルな交渉が雌雄の交尾と同じように同性間に緊張を高める効果をもっているからで，ゴリラのホモセクシュアル交渉がニホンザルのような緊張緩和交渉ではないことを示している．

　ゴリラはまだ幼児のうちから性的な行動をよく示す．相手は同性でも異性でもいいが，オスどうしが最も多く，メスどうしではほとんど見られない．幼児の間に起こるレスリングや追いかけっこなどの遊びも同様な傾向が見られ，オスの子どもどうしが最もよく遊ぶ．すなわち，ゴリラのホモセクシュアル行動は遊びの中でオスに特有な性的遊びとして発現し，それが思春期になると性的な喚起を伴うようになると考えられる．

　実は，ゴリラ以外の類人猿でも幼児の頃によく性的な行動を示すというのが共通した特徴である．単独生活をするオランウータンは，幼児が母親としかいないことが多いのであまり年の近い子どもと触れ合うことがない．しかし，母親を失った子どもを集めた孤児院では，オランウータンの幼児たちがいっしょにされ，ホモセクシュアル行動が観察されている．チンパンジーもボノボも幼児たちは性的な行動を子どもたちどうしで示すことがある．ただ，ゴリラのようにそれが遊びの中に現れ，思春期まで同世代の仲間との間で続くといったことはない．チンパンジーやボノボのオスの子どもたちは，成長するにつれておとなのメスの大きく腫脹した性皮に強い興味を抱き，年上のメスたちと交尾の真似事をするようになるからである．ときには，母親や血縁関係にあるメスが子どもたちの交尾相手になることもあるが，射精にまでいたることはない．やがて，チンパンジーのオスは優劣順位に組み込まれ，年上の優位なオスたちの前で交尾をするのを抑制するようになる．オスがあまり優劣関係を顕在化させないボノボのオスは，年齢に関らず発情メスと乱交的な交尾関係を結ぶようになる．一方メスの子どもたちは思春期になるまであまり性的な行動を示さない．このように，類人猿は共通して幼児の頃に性的な遊びを行い，成長するにつれて種によって異なる対象を性交渉の相手として選ぶようになる．その違いはそれぞれの社会のあり方を反映していると考えられる．

4・5 インセストの回避

かつて，インセスト（近親相姦）の禁止は人間の社会だけに備わった規範と考えられた．ダーウィンの進化論を取り入れて家族の進化を構想したルイス・モルガンは，インセストの禁止がない原始乱婚の状態から親子，兄弟姉妹へと禁止が広がっていく社会進化のプロセスを想定した．結婚を人間社会における女の交換システムとして捉えたクロード・レヴィ＝ストロースも，インセストの禁止こそ親族内に結婚相手の不足を作り出し，外婚を促進する原的な規範と見なした．

しかし，1950年代に徳田喜三郎が京都市動物園で親子のサルの間に交尾が起こらないことを発見し，個体識別の進んだニホンザルの群れでも近親間に交尾が起こらないことが続々と確認されるようになった．高畑由紀夫は嵐山で餌付けされたニホンザルの群れで二つの交尾季にわたって交尾関係を詳細に記録し，いとこにあたる4親等までの母系的な血縁内ではほとんど交尾が起こらないことを報告した（表4・2）．1990年代に入ると血液サンプル

表4・2 京都の嵐山で観察された4.5歳以上の血縁関係にあるニホンザルのマウンティング（交尾）行動 [4-7)]

		血縁度							
		1親等	2親等	3親等	4親等	5親等	6親等	7親等	計
(a) 1975-1976	予想される交尾の組み合わせ数	15	21	35	34	25	6	-	136
	マウンティングが見られた組み合わせ数	0	1	1	1	0	0	-	3*
	観察されたマウンティング数（射精有）	0	2 (1)	2 (0)	1 (0)	0	0	-	5* (1)
(b) 1976-1977	予想される交尾の組み合わせ数	21	33	61	59	49	8	1	232
	マウンティングが見られた組み合わせ数	0	0	2	8	4	0	0	14
	観察されたマウンティング数（射精有）	0	0	3 (0)	12 (3)	6 (3)	0	0	21 (6)

＊：1頭の3.5歳のメスは5親等にあたるオスと一度だけマウンティングするのが見られた．

を用いて父子を判定し，父系的な血縁関係をもとにして交尾関係を分析することができるようになった．クエスターらはニホンザルの仲間のバーバリマカクの放飼群で母系的な血縁も父系的な血縁も確認した上で，どういった雌雄に交尾が起こるかを調べた（表4・3，表4・4）．すると，母系的な血縁内ではニホンザルと同じように4親等までほとんど交尾が起こっていなかったが，父系的な血縁内では1親等にあたる父と娘の間でさえ血縁関係にない雌雄と同じように交尾が起こっていた．

　動物には生まれつき血縁を認知できる種がいる．たとえばカエル，ウズラ，ネズミは血縁の近い仲間を匂いや羽の柄で識別できる能力をもっている．しかし，霊長類はこういった能力をもたず，生まれた直後から母親と引き離されて育てられれば，もう母親を認知できなくなる．育ての親，一緒に育った仲間が血縁関係にあるように認知されるのである．ニホンザルの母系社会では，同じ家系に属するメスたちが集まって互いに助け合う．これは生まれたときから母親を通じて形成される連合関係で，血縁を認知する能力によって連合しているわけではない．バーバリマカクも同様で，母親を通じて連合関係が芽生えない父親との間には交尾回避の傾向が発達しない．

表4・3　母系的血縁間での性行動 [4-4]

血縁関係	組み合わせ数	交尾のあった組み合わせ数	組み合わせ数×観察年数（同じ組み合わせの観察年数の平均値）	交尾のあった組み合わせ数×年数
母／息子 ($r=0.5$)	66	3	168　(2.5)	3
姉妹／兄弟 ($r=0.25$)	123	3	308　(2.5)	5
祖母／孫 ($r=0.25$)	13	0	27　(2.1)	0
伯(叔)父／姪 ($r=0.125$)	50	3	78　(1.6)	3
伯(叔)母／甥 ($r=0.125$)	75	1	130　(1.7)	1
いとこ同士 ($r=0.063$)	33	3	45　(1.4)	3
母のいとこ／娘 ($r=0.031$)	11	2	17　(1.5)	2
計	371	15	773　(2.1)	17

4・5 インセストの回避

表 4・4　父系的血縁間での性行動 [4-4]

血縁関係	組み合わせ数	交尾のあった組み合わせ数	組み合わせ数×観察年数 (同じ組み合わせの観察年数の平均値)	交尾のあった組み合わせ数×年数
父／娘 ($r=0.5$)	38	20	109 (2.9)	34
兄弟姉妹 ($r=0.25$)	85	44	189 (2.2)	62
祖父／孫 ($r=0.25$)	2	0	4 (2.0)	0
伯(叔)父／姪 ($r=0.125$)	4	2	9 (2.3)	2
伯(叔)母／甥 ($r=0.125$)	1	0	1 (1.0)	0
いとこ同士 ($r=0.063$)	3	1	5 (1.7)	1
計	133	67	317 (2.4)	99

　嵐山のニホンザルで，高畑は血縁以外の雌雄が交尾回避をする現象を発見した．それは「特異的近接関係」と呼ばれる関係で，交尾季が始まる前によく近くにいて採食したり休んでいた雌雄である．この雌雄の間には交尾が起こらない．高畑は，この「特異的近接関係」はもともと交尾を通じて形成され，交尾季が終わっても継続した間柄だろうと推測している．つまり，ある交尾季を通じて親しくなった雌雄はそれが非交尾季にも継続した結果，やがて交尾を避けるようになる．親しさは性衝動を抑える効果をもつというわけである．志賀高原で長年餌付けされ個体識別されたニホンザルの群れを観察した榎本知郎も，非交尾季にグルーミングを頻繁に行う間柄の雌雄は交尾季になると交尾をしない傾向があることを指摘している（図 4・11）．

　クエスターらも似たような現象をバーバリマカクで観察している（表 4・5）．バーバリマカクのオスは生まれたばかりの赤ん坊を抱き上げて熱心に世話をすることで知られている．赤ん坊とオスの間には血縁関係がないことが多く，若いオスや群れに入ってきたばかりのオスが熱心に子育てをする．赤ん坊を抱いていることで優位なオスから攻撃されずにすんだり，メスからの支持を得られたりするせいであろう．こういったオスたちが世話をしたメスの幼児が思春期に達すると，このオスたちと交尾を避けるようになるこ

とがわかったのである．クエスターらは，1日のうち3％くらいの時間に親密な接触があり，それが6か月続けば交尾回避が起こると予想している．

おそらく，霊長類の社会で近親間の交尾を回避することに貢献している特徴は二つある．一つは，どちらかの性の個体が一つの集団に長く滞在しないという特徴である．これをメイト・アウトの機構と呼ぶ．母系的なニホンザルやバーバリマカクの社会では，オスが成熟する前に生まれ育った集団を出て行くために母親や姉妹との交尾が起こらない．また，移籍した集団で長く居座らなければ，そこで交尾してできた娘が成熟する前に群れを離れることになるので，娘と交尾をする機会はない．つまり，どちらかの性に移動が限定されることによって，もう一つの心理的な交尾回避が起こらなくても近親間の交尾は避けられているのである．だから，ニホンザルでもバーバリマカクでも母系の血縁内で交尾が回避されていれば，父系の血縁内で交尾回避の傾向がなくても結果的に回避されることになる．生後に親密な交渉を持続的に結んだ雌雄に交尾回避の傾向があれ

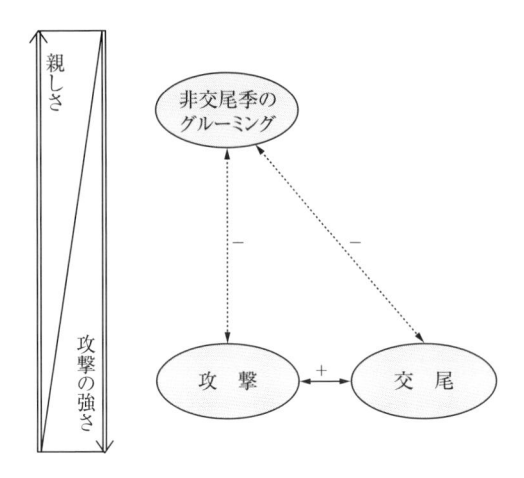

図4·11 ニホンザルの群れで見られるグルーミング，攻撃，交尾の相関関係 [4-8]
＋は正の相関が，－は負の相関があることを示す．非交尾季にグルーミングの多いペアには攻撃も交尾も見られず，オスからメスに攻撃がよく見られるペアによく交尾が起きる．

表4·5 メスが出生後1年にオスに受けた親密な世話の回数とそのメスが成熟した際にオスと交尾が見られた組み合わせ数 [4-4]

親密な世話の回数	組み合わせ数	交尾の見られた組み合わせ数
1-10	12	7
11-20	5	3
21-30	4	1
>30	10	1
計	31	12

図 4・12　オスゴリラの父性行動

ば，血縁を認知する必要はないということになる．

　実は，ゴリラにもバーバリマカクと似たような交尾回避がある．ゴリラはふつう1頭のオスと複数のメスからなる単雄複雌群をつくり，赤ん坊が乳以外のものを口にし始める1歳前後になるとオスが子育てを始める（図4・12）．背に乗せて連れ歩くことはしないが，子どもと遊び，子どものけんかを仲裁し，子どもと一緒に休む．やがて子どもたちは母親のベッドから抜け出し，オスのベッドで寝たり，その近くに自分のベッドを作るようになる．離乳とともに母親とは疎遠になるが，逆にオスとの親和的な交渉は増え，思春期まで継続する．そして，子どもがメスの場合は発情するようになってもこのオスとの交尾を避けるようになる．その群れにこのオス以外に成熟したオスがいなければ，メスは群れの外に関心を向けるようになり，やがて他の群れや単独オスのもとへと移籍していくのである．

　ゴリラの単雄複雌群では，外からオスが入ってきて今いるオスを追い出すことがないので，このオスがすべての子どもたちの父親である．これまでDNAを使って父子判定をした結果では，単雄複雌群の幼児たちはそのオスの子どもであることがわかっている．ただ，ゴリラの場合には，この父親と

娘との交尾回避が娘の離脱を促進する要因になっているところが他の霊長類とは違う．ニホンザルやバーバリマカクでは，近親間で交尾回避が起こっても近親以外の異性がいるので，交尾回避が直接群れを出て行く要因とはならない．ゴリラの場合にはメスが交尾の相手とするオスが限られているために，交尾回避がメスの移籍に大きく影響するのである．おそらく，初期の人類の家族でも似たようなことが起こっていたに違いない．それが規範として成立し，外婚が普遍的になったのだろう．もともと別のものだったインセストの回避とメイト・アウトの機構が，制度として組み合わされ結婚というものになったのではないかと思われるのである．

4・6　人類の性と進化

さて，では人間はどういった性の特徴をもっているのだろうか．大型類人猿と比べてみると，人間がさまざまな類人猿の特徴をキメラのように併せもっていることがわかる（表4・6）．まず，男女の体重の比率は1.2倍でチンパンジーやボノボに近い．性皮の腫脹は全くないのでオランウータンに近い．独占的で持続的な配偶関係や男が育児をする特徴はテナガザルとゴリラに近い．しかし，離乳が早く性成熟が遅いという点ではどの類人猿とも違う．

表4・6　類人猿と人類の比較

	オランウータン *Pongo*	ニシゴリラ *G. gorilla*	ヒガシゴリラ *G. beringei*	現代人 *Homo*	チンパンジー *P. troglodytes*	ボノボ *P. paniscus*
*性的二型	2.0	1.6	1.6	1.2	1.3	1.2
性皮腫脹	−	＋	＋	−	＋＋	＋＋
配偶関係	短期	長期	長期	長期	乱交	乱交
オス育児	−	＋	＋	＋	−	−
授乳期	5年	3年	3年	2年	4年	3年
幼児期	9年	6年	6年	12年	8年	8年
メス移籍	−	＋	＋	＋	＋	＋
オス連合	−	−	＋	＋＋	＋＋	＋
Long call	＋＋	＋＋	＋＋	−	＋	−

＊：雌雄の体重比を示す（雄の体重／雌の体重）

4・6 人類の性と進化

性皮の腫脹に代表される発情徴候は，前述したように各分類群で独立に進化した．比較的短期間に現れたり消滅したりしたと考えられる．シュレーン・トルベリたちは霊長類の社会構造と発情徴候との関係を調べ，系統樹に沿ってどの特徴が現れるかを分析した（表4・7）．オスとメス1対のペアからなる単婚の社会構造をもつ種で顕著な発情徴候を示すものはなく，ほとんどが全く発情徴候を示さない．一方，単雄複雌型の群れをつくる種は発情徴候を示さない種が最も多いが，顕著な徴候を示す種も6分の1に見られる．複雄複雌型の種ではその4分の3が発情徴候を示す．系統樹から見ると，大型類人猿の祖型はおそらくわずかな発情徴候を示す単雄複雌型の群れをつくっていたと考えられ，それが発情徴候を失って単婚へと進化してきたと推測される（図4・13）．これは，祖型人類がゴリ

表4・7 霊長類の集団構造と発情徴候 [4-6)]

集団構造	発情徴候		
	−	＋	＋＋
単婚	10	1	0
単雄複雌	13	6	4
複雄複雌	9	11	14

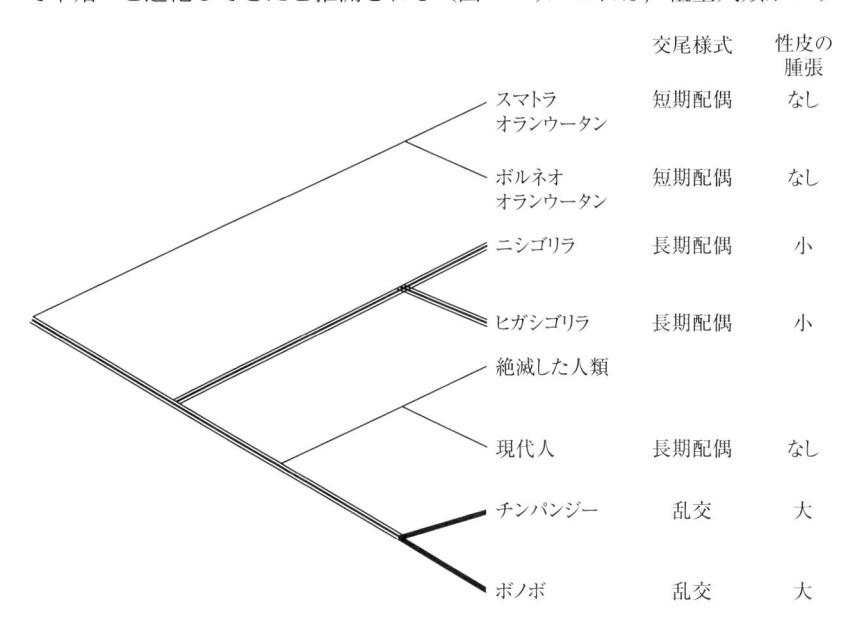

	交尾様式	性皮の腫張
スマトラオランウータン	短期配偶	なし
ボルネオオランウータン	短期配偶	なし
ニシゴリラ	長期配偶	小
ヒガシゴリラ	長期配偶	小
絶滅した人類		
現代人	長期配偶	なし
チンパンジー	乱交	大
ボノボ	乱交	大

図4・13 ヒト科の類人猿と人間が示す性皮の腫脹と雌雄の性関係形成の程度
長期配偶とは長期間独占的で安定した性関係をもつことを示す．

ラ並みの大きな体格上の性差をもっていたとする報告とよく合致する．ただ，最近は350万年前のアウストラロピテクス・アファレンシスの体格が現代人並の性差だったという報告もあるので，断定はできない．また，現代人の睾丸サイズはチンパンジーよりはるかに小さいが，ゴリラやオランウータンに比べて体重あたりの比率が大きい．これは精子競争があることを示唆していて，人類が過去に乱交的な性関係をもっていたのではないかと推測する研究者もいる．

　性皮の腫脹や睾丸の大きさは化石では調べることができないので，過去の痕跡をたどることはむずかしい．ただ，現代人に全く発情徴候が見られないということは単婚に適した性の特徴をもっているといえよう．妊娠中や授乳中でも性交渉が起こり，授乳中でも妊娠するという現代人の特徴は，オランウータンやボノボをしのぐ高い性の許容性を示している．この特徴がどんな理由で進化したのかはまだ明らかではないが，後述するように子殺しを防止するためだった可能性はある．メスの性的許容性が高いオランウータンもボノボも子殺しが見られない社会をつくっているからである．しかし，現代の人間の社会では，この特徴によって子殺しを抑えることに成功していないのではないかと思われる．

　人類が他の霊長類と同じように生後の経験によってインセストを回避する傾向をもつことは，実は19世紀末に予想されていた．1891年に『人類婚姻史』を著したエドワード・ウェスターマークは，一夫一婦的な家族は人類に普遍的で，幼い頃から親密な関係にある男女は性交渉を避ける傾向をもつことを示唆している．しかし，この説は同時代に一世を風靡したジグムント・フロイトの「子どもは思春期にまず異性の親に対して性衝動をもつ」という考えによって黙殺された．フロイトにとって，この近親への性衝動こそエディプス・コンプレックスの根幹を成す生来の性質でなければならなかったからである．

　しかし，ウェスターマークの説は思わぬ報告から復活をとげることになる．イスラエルのキブツは，家族を否定してより大きな集団で共同生活を営むこ

とを試みた社会である．子どもたちは親から引き離されて集団で育てられ，やがてキブツ内で結婚して将来の担い手になることが期待されていた．しかし，同じキブツで育った子どもたちはこの期待に反して次々にキブツを出て，他のキブツの出身者と結婚するようになったのである．これは，幼児期にいっしょに育てられた男女は性関係を結ぶことを避けるようになる好例と考えられた．

もう一つの例は，台湾のシンプアと呼ばれる幼児婚の伝統である．台湾では幼児のうちに結婚を取り決め，嫁になる幼女が将来の夫の家に預けられ，その家のしきたりを学ぶという習慣が古くからあった．この幼児婚の実態を調べた人類学者のウルフは，離婚や性をめぐるトラブルが幼児婚のカップルに異常に多いことを発見した．ウルフは霊長類のインセスト回避の傾向を引用して，人間にも幼児の頃から一緒に育った男女が性交渉を回避する傾向があり，それを無視して結婚させたために起こったトラブルであろうと指摘した．人間の社会には，幼児期に体験した社会関係によって，規範を設けなくてもインセストを回避する特徴が霊長類から受け継がれていたのである．

人類は，類人猿との共通祖先から受け継いだ非母系的な特徴とインセストの回避傾向を広げて，原初的な家族をつくった．インセストの回避は，異性間に性的な動機を介しない親密な関係をつくり，同性間に異性をめぐる競合の低い親密な関係をつくる．家族は夫婦間に性交渉を限定することによって，非性的な連帯を可能にしたのである．さらに，結婚という交換システムの創造によって家族どうしが結び付けられ，複合的な社会関係が生まれた．他の家族に嫁いだ女がもとの家族とのつながりを保つことによって，妻であり娘であるという社会関係が共存できるからだ．人類は性的な関係と非性的な関係を同時にもつことによって，複数の家族が密接な協力関係を結ぶ地域社会をつくった．そこに人類に特有な性の特徴と性に関する規範は強く結び付けられているのである．

5 オスの子殺しと暴力

5・1 子殺しの発見

　1980年代の社会生態学の考え方では，どうしても説明できなかったことがある．それは，前述したように葉食の霊長類がなぜまとまって集団をつくるのか，という現象である．果実食者に比べて葉食者は群れ内の競合が低いと考えられる．だから果実食よりも大きな群れを形成しやすくなる．事実，アフリカの熱帯林に生息する葉食のアンゴラコロブスやアカコロブスは数百頭に達する大群で遊動することがある．彼らが集団で暮らす理由の一つは捕食圧を下げることだろう．しかし，そうだとしたら捕食圧が低い場所では群れで暮らす理由はないはずだ．たとえば，体の大きいゴリラは常に捕食者におびえて生活しているとは思えない．ではなぜ，ゴリラのメスたちはオスのまわりに固まって遊動するのだろうか．メスたちはオランウータンのようにばらばらになって，思い思いの遊動域を構えて暮らすこともできるはずだ．なぜ分散しないのだろうか．

　その理由を，エリザベス・スタークたちは子殺しというオスの行為に求めた．メスは単独やメスたちだけで暮らしていると，抱いている乳飲み子をオスに殺されてしまう．その子殺しを防ぐために，メスは子どもを保護する能力をもったオスといっしょに暮らすというのである．

　子殺しという現象は，1960年代の半ばにインドのダルワールに生息するハヌマンラングールの群れで杉山幸丸らによって発見された（図5・1）．こ

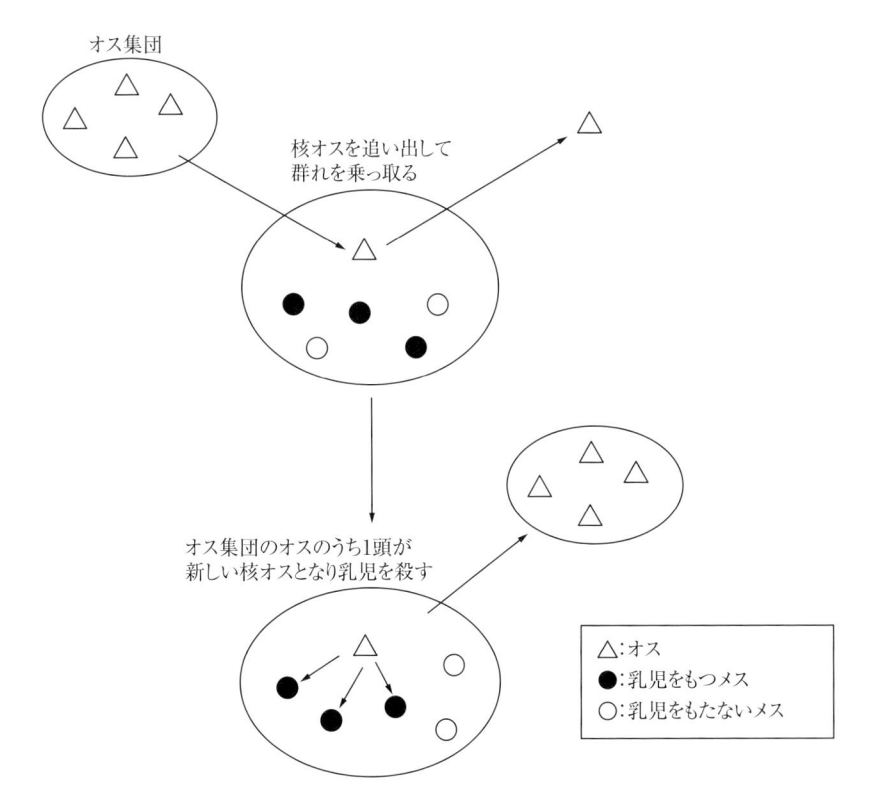

図5・1 ハヌマンラングールの子殺し

のサルはふだん1頭のオスと複数のメスで単雄複雌群をつくって暮らしている．こういった群れに所属しないオスは，オスたちだけで集団をつくることが多い．杉山らは，あるときこれらのオスたちが一つの群れをいっせいに攻撃しだすのを観察した．それまでリーダーでいたオスは追い出されてしまい，残ったオスのうちの1頭が新しいリーダーとなった．すると，その新しいリーダーオスは乳児を抱いていたメスを次々に襲い，子どもを咬み殺してしまったのである．メスたちは乳児を奪われまいとして抵抗したが，オスの攻撃を止めることはできなかった．乳児を失ったメスたちは約2週間もすると再び発情し，殺害者のオスと交尾を始めた．そして，数か月後，メスたちは新し

いオスの子どもを産んだのである．

　杉山は，この子殺しが偶然起こった現象ではないことを確かめるために野外実験を行っている．子殺しが起こった群れと同じような単雄複雌群からオスを人為的に抜いて，どうなるか様子を見たのである．このときは近くにオス集団がいなかったが，やがて隣接する群れのオスが接近してきて赤ん坊を襲い，次々に咬み殺し始めた．4頭いた乳児のすべてが殺され，その後1か月以内に乳児を失った母親はすべて発情し，交尾を始めた．交尾をしたのは子殺しをしたオスとは限らなかったが，子殺しがメスの発情を早めたことは明らかだった．

　杉山はこのハヌマンラングールの子殺し行動を，捕食者が希薄な環境で自らが生息密度を下げる効果をもった，オスの交尾戦略として報告した．しかし，当時は同じ種の仲間を殺す行動が進化するとは誰も考えていなかったので，なかなか杉山の説は受け入れられなかった．人為的な影響を受けた特殊な環境で引き起こされた，異常で病的な行動ではないかと見なされたのである．だが，やがてライオンやホエザルなど他の哺乳類や霊長類でも続々とオスによる子殺し行動が発見されるようになり，これが決して病的な行動ではないことが明らかになった．サラ・ブラッファー・フルディは，子殺し行動を性選択によって進化した行動と見なし，①他のオスの子孫を除き，②メスの発情を早め，③自分の子孫を確実に残そうとする，オスの繁殖戦略として定義づけた．

　霊長類は哺乳類の中で最も多くの種で子殺しが見られる分類群である．約300種の霊長類の1割の種に子殺しが観察されている．まだよく調べられていない種が半分以上あるし，間接的な証拠しか得られていない種も考慮すると，おそらく半分近い種に起こっているのではないかと推測される．ではなぜ，子殺しが起こる種と起こらない種があるのだろうか．その間にはどんな違いがあるのだろう．

5・2　子殺しの起こる条件

　子殺しが観察されている種を霊長類の系統図の上に置いてみると，面白いことがわかる（図5・2）．まず，夜行性の原猿類には観察されていない．原猿類で唯一子殺しが観察されているのはワオキツネザルで，この種は昼行性である．しかも，大多数の原猿類が単独かオスとメス一対のペアで暮らしているのに対し，ワオキツネザルは複数のオスと複数のメスが大きな群れを作る．また，夜行性でなくても，単独生活をするオランウータンやペアの社会構造をもつテナガザルでは子殺しは観察されていない．つまり，子殺しが起こる条件は夜行性，昼行性という活動時間帯ではなく，ペアより大きな集団を作る社会にあると考えることができる．

　霊長類の群れには4種類のタイプが知られている．ペアの他に，単雄複雌，単雌複雄，複雄複雌である．このうち，メス1頭と複数のオスで群れを作る単雌複雄の社会には子殺しが知られていない．タマリンやマーモセットなど中南米の熱帯雨林に生息する小型のサルがこれにあたるが，双子や三つ子を産み，オスが熱心に子育てをするという特徴をもっている．育児をするのはオスばかりではなく，年上の子どもたちも参加する．つまり，オスが参加して集団育児をするような社会は，子殺しが起こりにくいと考えることができる．

　子殺しが起きるのは，オスが単数か複数かに関らず，複数のメスといっしょに暮らす種である．また，これらの種ではたいがいオスがメスよりも大きいが，性的二型の程度は子殺しの起こる条件にはならない．メスがオスより優位なワオキツネザルでも子殺しが観察されているし，オスがメスの二倍近い体重をもつオランウータンで子殺しが報告されていないからである．オスが複数のメスと暮らす，という社会構造に子殺しを起こしやすい条件が含まれているのである．

　単雄複雌，複雄複雌の群れ社会では，必ず群れに所属しないオスが見られる．そして，これらの社会ではメスが単独生活をすることはない．つまり，

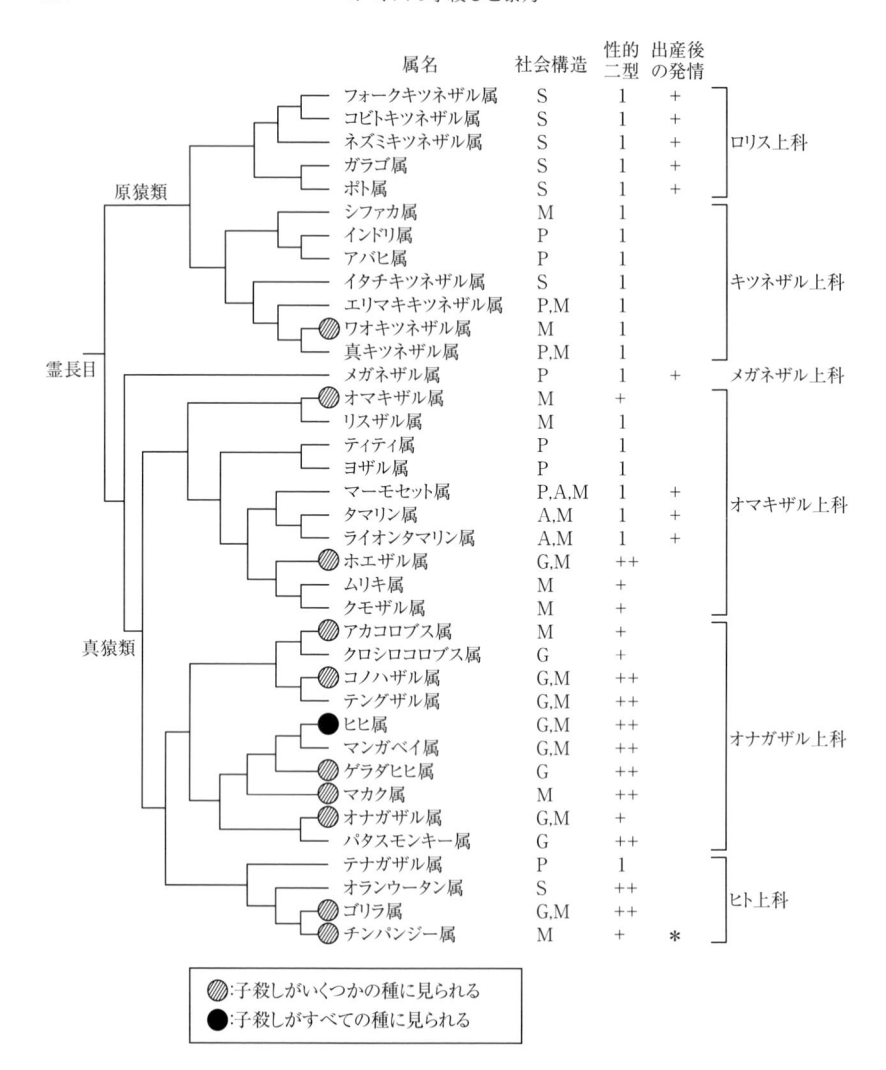

属名	社会構造	性的二型	出産後の発情	
フォークキツネザル属	S	1	+	ロリス上科
コビトキツネザル属	S	1	+	
ネズミキツネザル属	S	1	+	
ガラゴ属	S	1	+	
ポト属	S	1	+	
シファカ属	M	1		キツネザル上科
インドリ属	P	1		
アバヒ属	P	1		
イタチキツネザル属	S	1		
エリマキキツネザル属	P,M	1		
ワオキツネザル属	M	1		
真キツネザル属	P,M	1		
メガネザル属	P	1	+	メガネザル上科
オマキザル属	M	+		オマキザル上科
リスザル属	M	1		
ティティ属	P	1		
ヨザル属	P	1		
マーモセット属	P,A,M	1	+	
タマリン属	A,M	1	+	
ライオンタマリン属	A,M	1	+	
ホエザル属	G,M	++		
ムリキ属	M	+		
クモザル属	M	+		
アカコロブス属	M	+		オナガザル上科
クロシロコロブス属	G	+		
コノハザル属	G,M	++		
テングザル属	G,M	++		
ヒヒ属	G,M	++		
マンガベイ属	G,M	++		
ゲラダヒヒ属	G	++		
マカク属	M	++		
オナガザル属	G,M	+		
パタスモンキー属	G	++		
テナガザル属	P	1		ヒト上科
オランウータン属	S	++		
ゴリラ属	G,M	++		
チンパンジー属	M	+	*	

◎:子殺しがいくつかの種に見られる
●:子殺しがすべての種に見られる

図5・2 子殺しと社会構造,性的二型,出産後の発情
社会構造 S:単独生活,P:ペア,A:単雌複雄,G:単雄複雌,M:複雄複雌.単独生活と雌雄のペアに子殺しは見られない.
性的二型 1:雌雄同型,+:小,++:大.雌雄が同型な種には子殺しは起こりにくい.
出産後の発情 +:出産後すぐに発情して交尾,*:ボノボは出産後1年で発情.出産後すぐに発情して交尾する種では子殺しが見られない.

メスの集合に参加できるオスの数が限られているために，繁殖に参加できないオスができ，その差異を是正する手段として子殺しという行動が発達したと考えられるのである．複数のメスがいっせいに発情して複数のオスと乱交的な交尾をする種では，子殺しがめったに起きない．たとえば，ニホンザルには秋から冬にかけて交尾季があり，乳児をもたないメスはいっせいに発情する．ふだん群れに属していないオスでも，交尾季には群れに近づいてきてメスと交尾をする機会がもてる．ニホンザルは日本各地で60年近く調査されているにも関わらず，まだ数例しか子殺しと思われる事例は観察されていない．一方，メスが周年にわたって1頭ずつかわるがわる発情するハヌマンラングールでは，群れのオスが発情したメスと独占排他的に交尾をするため，群れの外にいるオスはなかなかメスと交尾ができない．群れを乗っ取って新しい群れオスにならなければ，メスと交尾をする機会はめぐってこないのである．

さらに，せっかく群れオスとなっても，乳児をもつメスばかりでは交尾をして子孫を残すことはできない．授乳中はプロラクチンという母乳の産生を促すホルモンが分泌されて，発情を抑制するからである．そこで，子殺しをしてメスの発情を早めることが，自分の子孫を増やす結果につながるというわけである．事実，子殺しが起きる種はメスの授乳期が長い，すなわちメスが交尾しない時期が長いことが多い．前述したように，大型類人猿は他の霊長類に比べて授乳期が長い．これは子殺しが起きやすい特徴である．ところが，興味深いことにオランウータンとボノボでは子殺しが知られていない．

実は，オランウータンではメスが発情の有無に関りなくオスと交尾をする傾向があり，ボノボのメスは出産後1年で交尾を再開するという特徴をもっている．オランウータンのメスは外見的な発情徴候を示さない．ふだん単独生活をしているオランウータンのオスは，メスに出会うと交尾に誘い，メスは交尾を受け入れることが多い．逆に，ボノボのメスは発情すると陰部がピンク色に大きく腫脹する．オスはこういった腫脹メスと交尾をする．出産後1年以内に陰部が腫脹し始めるが，授乳中は交尾をしても妊娠しない．これ

は擬似発情なのである．もしかしたら，オランウータンのメスが高い性的受容性を示すことも，ボノボのメスが授乳中に擬似発情を示すことも，過去にオスの子殺しを防ぐためにメスの対抗手段として発達した進化の産物なのかもしれない．

5・3 子殺しの種内変異

さて，霊長類の種には子殺しが起こりやすい種と起こりにくい種があることがわかったが，種内でもそうした変異がある．つまり，同じ種でも子殺しが起こっている地域と起こっていない地域がある．本当に起こらないかどうかは確かめることが難しいが，詳細な調査が長期にわたって行われているのに子殺しの有無に大きな差があるとすれば，そこには何らかの社会的な違いが認められると考えられる．

たとえば，杉山が報告したハヌマンラングールの子殺しも，この種が生息するすべての地域で起こっているわけではない．ハヌマンラングールはインドとスリランカに広い分布域をもつが，子殺しは南西部でしか報告されていない．北東部に生息するラングールは生息密度が低く，単雄複雌群だけでなく，複数のオスを含む複雄複雌群をつくる．杉山はこういった条件下では群れのなわばりが大きくなり，複数のオスが群れへ参入して交尾をする機会が増すため，乗っ取りが起こりにくくなると考えた．また，メスたちが複数のオスと交尾をする結果，オスにはどの子どもが自分の子どもでないかを判断することが難しくなり，子殺し行動が起こりにくくなるとも考えられる．父性があいまいになることが子殺し行動を抑止するという考えは，複雄複雌群一般にあてはまる．これに対して，密度の高い地域にすむ単雄複雌群では，なわばりが狭くなってオス間の競合が増し，メスとの交尾が少数の群れオスに独占されるため，群れの乗っ取りや子殺し行動が頻発するというのである．言い換えれば，オスの交尾機会が短期間に限られている場合には，オスはその機会をなるべく効率よく利用して多くの子孫を残そうとするだろう．子殺

しはその手段の一つというわけである．

　ゴリラはハヌマンラングールとは違った例を提供してくれる．ゴリラは単雄群の多い社会で暮らし，授乳期間が3年と長い．交尾季はなく，メスがいっせいに発情することもない．だから，子殺しが起きやすい特徴をもっていると考えられ，事実ヴィルンガ火山群に生息するマウンテンゴリラではかなり頻繁に子殺し行動が観察されている．しかし，ゴリラはハヌマンラングールのような母系の社会ではなく，メスが集団間を移籍する社会をつくる．ゴリラのメスは乳児を殺されても，ラングールのメスのように殺害者のオスのもとに留まり続けるだけでなく，別のオスのもとへ移籍する選択肢をもっているのである．しかも，ゴリラの社会では外からのオスによって群れが乗っ取られるという事例は知られていない．いったんオスが自分の繁殖集団をつくれば，一生その群れから追い出されることはないのである．ラングールのオスのように，限られた交尾機会を最大限生かそうとすることはないはずだ．なぜゴリラのオスは子殺しをするのだろうか．

　ヴィルンガ火山群では1967年以来マウンテンゴリラの観察が続けられているが，1985年までの16年間に16例の子殺しが知られている（表5・1）．殺害されたのはすべて生後1日から3年以内の乳児である．殺された乳児の性がわかっているのは13例で，オス7例，メス6例とほぼ同数である．殺害者は他群のオスが6例，単独で生活しているオスが3例，自群のオスが1例，個体を特定できないがオスと考えられる例が2例，メスが1例である．明らかにオスが自分の子どもではないと考えられる乳児を殺している．

　子殺しは，群れ内で起こったのが2例で，他の11例は犠牲者の群れが他の群れや単独オスと出会った際に起こっている．しかも，この11例のうち，犠牲者の群れにおとなのオスがいなかったことが9例もある．これは，病気や人間による密猟でオスが死亡した直後に起こった子殺しである．群れの核となるオスを失ってメスだけで遊動していた際，他の群れや単独オスと出会って乳児を殺されたのである．このことから，乳児を保護するオスがいないときに，他のオスは乳児を攻撃することが多いということがわかる．2例

表 5-1　カリソケで記録されているマウンテンゴリラの子殺し[5.3]

年/月	犠牲者 性	犠牲者 年齢	母親の出産経験	核オスの有無	殺害時の状況	殺害者	母親の去就
1967/2	M	1日	?	?	SOLとの出会い	SOL	3日間死体を引きずり、9日以内に消失
1971	M	9月	?	?	?	SB(?)	?
1973	M	4月	?	?	?	?	?
1973	M	新生児	?	?	?	SB(?)	?
1973/4	M	9月	初産	?	SOLとの出会い	SOL	2か月後、他群へ移籍
1974/5	F	11月	初産	28日前に死亡	群間の出会い	他群のSB	その夜死体を捨て、5か月後、殺害者の群れへ移籍し、殺害者の子を14か月後に出産
1976/3	?	5月	初産	健在	群内	自群のメス(?)	自群にとどまり、11か月後に出産。オトナメス2頭の糞から133個の骨片を検出
1978/8	F	3月	経産	21日前に死亡	群内	若いSB	2日間死体をもつ。7日後と18日後に他群へ2度移籍し、11か月後に出産。移籍の際に7歳の娘を連れ、4歳の息子を残す
1978/12	F	3月	初産	5か月前に死亡	群間の出会い	他群のSB	同日、殺害者の群れへ移籍し、55日目に殺害者を誘って交尾。32か月後に出産
1983/4	M	3年	?	11週間前に死亡	群間の出会い	?	乳児が殺害された際に出会った群れへ1か月以内に移籍
1984/7	F	19月	経産	メスと子どもだけで遊動	SOLとの出会い	SOL	他群へ移籍
1985/6	M	32月	経産	4週間前に死亡	群間の出会い	?	事件の1週間前に母親も父親も不在。犠牲者を保護する母親も殺害者の群れへ移籍し、11か月後に出産
1985/7	F	18月	経産	6週間前に死亡	群間の出会い	他群のSB(?)	同日殺害者の群れへ移籍し、13か月後に出産。母親と殺害者のSB双方に外傷
1985/11	?	1〜2年	?	2か月前に死亡	群間の出会い	他群のSB	同日、母親は殺害現場に捨てられ、殺害者の群れへ移籍
1985/11	?	1〜2年	?	2か月前に死亡	群間の出会い	他群のSB	死体は殺害現場に捨てられ、殺害者の群れへ移籍

1967/2〜1978/12はFossey, 1984, 1983/4〜1985/11はWatts, 1989による
M：オス、F：メス、SOL：ヒトリゴリラ、SB：シルバーバック

表 5·2 ゴリラ（*G. beringei*）の種内変異 [5-2]

	G. b. graueri カフジ	*G. b. beringei* ヴィルンガ
群れサイズ	7～11	7～13
複雄群率	8%	40%
群れ内オス最大数	2	7
オス集団	なし	あり
メス集団	あり	なし
メスの子連れ移籍	あり	まれ
複数メスの同時移籍	あり	まれ
群れの分裂	あり	まれ
子殺し	なし	あり

は核オスがいるときに他の群れとの出会いで乳児が殺されているが，この後すぐに犠牲者の母親は群れを出て他の群れに移籍している．乳児を守れなかったオスのもとにメスは留まろうとしないのである．

さて，ヴィルンガから200キロメートル南方にあるカフジ山には，ヒガシローランドゴリラというマウンテンゴリラの亜種が生息している．ここでも30年以上にわたってゴリラの行動が継続観察されているが，つい最近まで子殺しが報告されていなかった．私はここで長年ゴリラの調査を行ってきたので，ヴィルンガとカフジにどんな違いがあるかを調べてみた（表5·2）．

まず，大きな違いは複数のオスを含む複雄群の比率に見られた．ヴィルンガもカフジも250～300頭ほどのゴリラが生息しているが，複雄群の比率はヴィルンガ（40％）がカフジ（8％）より圧倒的に高い．しかも，ヴィルンガには背中の白いおとなのオス（シルバーバック）を4頭以上含むような複雄群が時折見られるのに，カフジでは2頭以下である．この違いがどうしてできたのかを分析するために，両地域で継続観察されているゴリラの群れ構成の30年にわたる変化を比べてみた．すると，カフジでは群れで生まれたオスが成熟すると父親のシルバーバックと合わせて2頭になるが，すぐに息子が群れを出て行くので複雄群の期間は長く続かないことがわかった．一方，ヴィルンガでは息子がなかなか生まれ育った群れを離れず，次々に息子が成熟すると数頭の息子が父親と共存するようになる．しかも，父親が死亡した

表5・3 メスが移籍する際の同伴者 [5-2]

移籍同伴者	カフジ		ヴィルンガ	
	核オス有	核オス無	核オス有	核オス無
単独	7	2	22	9
他のメスと	15	3	3	14
幼児と	4	0	0	4*
乳児と	6	3	0	4*

＊：すべて子殺しによって死亡

　後も息子たちがばらばらにならず，まとまって複雄群に共存し続けることもあった．カフジでもヴィルンガでも外からオスが群れに加入してくることはない．息子が群れを出るか出ないかという選択によって，両地域の複雄群率に差が生じていたのである．

　さらに，メスの動き方を見てみると明らかな違いが見られる（表5・3）．ヴィルンガではメスが移籍をするときは単独のことが多い．自分のいる群れにシルバーバックがいるときにはめったに他のメスを伴わず，たとえ子どもがいても置いていく．群れにシルバーバックがいないときには他のメスや子どもと一緒に移籍するが，この場合 乳児や幼児（3歳で離乳直後と思われる）はすべて移籍先でオスによって殺害されている．つまり，ヴィルンガではメスが子どもを残していくのは移籍先で殺されるのを怖れてのことで，単独で移籍するのは新しいオスと速やかにいい関係を構築するためだろうと考えられるのである．これに対して，カフジではシルバーバックが健在でもメスは他のメスや幼児，乳児といっしょに移籍することが多い．そして，これらの子どもたちは移籍先で殺されていないのである．カフジでは子殺しが起こっていないために，メスが子どもを置いて移籍する必要はない．移籍先で保護者となるオスとの関係をすぐに構築する必要もないので，オスの庇護をめぐる潜在的競合者である他のメスと一緒に移籍しても差し支えないのだろうと思われるのである．

　カフジとヴィルンガでメスの繁殖に関する特徴を比べてみると（表5・4），ヴィルンガのほうが新生児死亡率が高い．新生児死亡の37％は子殺しによるものである．初産年齢には両地域で差がないが，移籍先での初産年齢はカ

表 5・4　メスの繁殖に関わる特徴 [5-2]

	カフジ	ヴィルンガ
新生児死亡率	26% (46)	34% (65)
初産メスの新生児死亡率	33% (21)	41% (14)
初産年齢	10.6 (6)	10.1 (8)
出自群での初産年齢	9.8 (3)	9.9 (7)
移籍群での初産年齢	11.4 (3)	10.1 (8)
出産間隔（生存児）	4.6 (9)	3.9 (26)
初産前に移籍	13	9
出自群で初産	5	7

フジのほうが高くなっている．出産間隔もカフジのほうが長い．これは，ヴィルンガのメスの半数近くが生まれ育った群れを出る前に若くして出産するせいである．カフジのメスの多くは出産する前に他の群れへ移籍し，そこで初産を迎えている．おそらく，移籍した群れで新しく出会ったオスやメスと共存関係を構築するのに時間がかかるため，出産が遅れるものと考えられる．

　カフジとヴィルンガで繁殖パラメータにあまり大きな差がなかったということは，子殺しの有無は両地域で大きな繁殖上の違いを生み出してはいないことを示唆している．言い換えれば，子殺しの有無によってメスの移籍様式やオスの共存関係を変えることで，ゴリラの社会は子殺しの負の影響を最小限に抑えているのではないかと思われるのである．

　オスの子殺しという行動がどの程度遺伝的な基礎をもつのかは定かではないが，類人猿ではある社会や行動の特徴が子殺しの有無と密接な関係をもっているようである．テナガザルでは，明らかに雌雄同型，ペアの社会構造となわばりが子殺しの発現を抑えている．メスはオスの攻撃に十分対抗できるし，繁殖に参加できないオスはまれだと思われるからである．オランウータンは単独生活とメスの高い性的受容性が一役買っている可能性がある．オスは複数のメスをガードできないし，発情していなくてもメスはオスの交尾を受け入れるので，子殺しをしてまでメスの発情を早める必要がない．

　ゴリラは，オスが子殺し行動を潜在的に起こす可能性を社会のなかに秘めているようである．単雄群の集団構造で，メスの発情がとまる授乳期が長い

ためである．しかし，複雄群が増えてオスたちが集団内で共存するようになると子殺しは抑制される．子殺しが起きなくなると再び単雄群が増え，やがて子殺しが起きるようになって，単雄群と複雄群の比率が時間とともに変動するのではないだろうか．実は，ヴィルンガから25キロメール北にブウィンディ森林があり，ここにもマウンテンゴリラが生息している．ブウィンディでもポピュレーションの半分近い集団が複雄群であるが，子殺しはまだ報告されていない．ひょっとしたら，ここでは近い過去に子殺し行動が頻発して複雄群が増え，最近は子殺しが止まっている状況なのではないか，と私は考えている．

また，カフジでも最近オスによる子殺しが初めて観察された．群れをつくったばかりの若いシルバーバックが，子連れで移籍して来たメスの子どもを殺し，さらに移籍してすぐ出産したメスの子どもを殺したのである．後の例は，ゴリラのオスが交尾をしていないメスの子どもを自分の子どもと見なさず，子殺しの対象としたことを示唆している．また，これらの事件が起こった後，隣接群からこのオスのもとへ移籍したメスは3歳の子どもを元の群れに残してやってきている．オスによる子殺しによって，メスがすばやく移籍方法を変えた可能性がある．カフジで起こった子殺しは，十分に成熟したシルバーバックが最近の内戦によって兵士に撃ち殺されてしまい，若オスばかりが残ってメスをめぐる競合が高まったためだと考えられる．さらに子殺しが頻発すれば，カフジでもヴィルンガやブウィンディのように複雄群が増えていくかもしれない．子殺しという現象は，短期間でゴリラの社会を変える大きな影響力をもっているのである．

チンパンジーは複雄複雌の集団構造をもっているが，子殺しは東アフリカのタンザニアやウガンダの長期観察されている地域でよく起こっている．他の霊長類との違いは，チンパンジーではオスの乳児がよく殺されるということと，殺された赤ん坊をみんなで食べてしまうことである．しかも，チンパンジー社会は父系でオスが生まれ育った群れを出ないので，オスは少なくとも自分の近親にあたる乳児を殺したことになる例も多い．オスが将来競合者

になるオスの子どもを除いているという解釈もあるが，オスの繁殖戦略だけでは説明のつかない現象である．チンパンジーはアカコロブスなどのサル類を狩猟してその肉を分配する．子殺しの後に赤ん坊の肉を食べる際にも狩猟と同じような分配が見られる．死後は赤ん坊が肉のように見えてしまうのかもしれないが，おとなのチンパンジーが死んだ場合には肉を食べるという行動は起こらない．これも解釈に苦しむ行動である．

　長年継続観察が続いているのに，子殺しが報告されていないチンパンジーのポピュレーションもある．コートジボワールのタイ森林とギニアのボッソウにすむチンパンジーである．ボッソウのチンパンジーは隔離された森林にすみ，オスが1頭しかいない単雄群をつくっている．すべての子どもはこのオスの子なので，子殺しを起こしそうなオスが見当たらないという説明が成り立つかもしれない．タイ森林には複数の隣接するチンパンジーの群れがあり，タンザニアのゴンベやマハレのようにメスだけが集団間を移籍している．群れ間関係も敵対的だし，チンパンジーの狩猟も活発に行われている．にもかかわらず，子殺しは観察されていない．その理由は今のところ不明である．ただ，ここのチンパンジーはゴンベやマハレのように離合集散せず，オスとメスがよくいっしょに遊動し，泊まり場で眠る．しかし，そのことが果たして子殺しの起きないことと関係があるのかどうか明らかではない．

　ボノボはタイ森林のチンパンジーよりさらにまとまりのいい複雄複雌群をつくる．サブグループに分かれて遊動することがあるが，これらのグループは必ずオスとメス両方を含んでいる．まとまりのよさは，ボノボのオスもメスも性的な交渉を使ってあつれきを減じているためと考えられている．子殺しも報告されていない．ここにも性が関与している．ボノボのメスは出産後3年間授乳するが，他の類人猿と違って授乳中でも発情するのである．しかも，優位なオスが発情したメスを独占するといったことは見られず，乱交的な交尾関係を結ぶ．つまり，ボノボの社会ではメスの発情期間が長く，オスとの交尾関係が広いことが子殺し行動の発現を抑えているのではないかと思われるのである．

5.4　集団間の争い

　ボノボとチンパンジーの社会の違いは，集団間関係にも顕著に現れている．チンパンジーの集団間では激しい争いが起こり，オスやメスが殺されることが報告されている．ところが，ボノボの集団どうしは平和に混じり合い，異なる集団に属するオスとメスが交尾をすることまで知られているのである．なぜこんな違いが起こるのだろうか．

　一般に，集団生活をする霊長類は，他の集団に属する仲間とは日常的な付き合いをしない．それぞれの群れは独自の遊動域を構えていて，隣の群れの遊動域と一部しか重複させていない．遊動域がほとんど重複せず，境界付近で他群を排除するような行動が起こるとき，群れはなわばりをもっていると見なされる．ただし，なわばりは隣接群に侵入されないように絶えず見張る必要があるから，あまり大きくできない．ミタニとロッドマンは，さまざまな霊長類の遊動域の広さと群れが1日に歩く距離を調べ，境界域で群れ間が敵対的であるかどうか分析した．その結果，歩く距離に比して遊動域が狭ければなわばり的で，群れ間が敵対的であることが判明した．つまり，遊動域の端から端まで1日で到達できるような大きさでなければ，なわばりとして他群から防衛することはできないというわけである．

　ただ，集団間の出会いは敵対的であっても，殺し合いに発展するほど激化することはない．声と態度による攻撃性の表明が主で，実際に戦いあうことはまれである．数秒から数分間の声の応酬と追いかけあいの後，個体どうしが接触することなしに群れは離れあう．そこが食物の豊富な場所であったり，泊まり場として最適な場所であった場合には，優位な群れがその場所を占領することになる．

　負傷するほど戦いあうのはオスどうしが多く，発情したメスをめぐって争う場合がほとんどである．たとえば，ニホンザルは秋の交尾季になるとにわかに騒がしくなる．群れの周りにはたくさんの群れ外オスがやってきて，木

に登っては枝を揺すり，ほえ声を上げてしきりに示威行動をする．それに引かれて発情メスが群れ外オスに近づくと，群れオスがこぞって攻撃をしかける．群れ外オスが逃げずに立ち向かうと，優位な群れオスとの間に闘いが起こってどちらか，あるいは双方のオスが負傷することになる．交尾季にはこうした争いによって血を流したオスをしょっちゅう見かける（図

図5·3 負傷したニホンザルのオス

5·3）．しかし，争いによって死んだオスザルを見かけることはまずない．

　ゴリラの社会はこういった常識を少し逸脱している．それは，ゴリラの遊動域がなわばりではなく，複数の群れが大幅に遊動域を重複させているからだ．これは食物条件が違っても変わらない．一年中 葉や草を食べて暮らしている山地のマウンテンゴリラでも，多種類の果実を食べる低地のニシローランドゴリラでも遊動域の広さは大して変わらず，隣接する群れとの遊動域重複は大きい．しかも，にもかかわらず群れどうしは敵対的である．異なる群れが出会うと，それぞれの群れから成熟したオス（シルバーバック）が出てきて胸を叩き合う．こうした際にメスが移籍したりするとオスどうしで激しい闘いが起こり，深い傷を負うことがある（図5·4）．単独生活をしているオスと群れとの出会いで激しい闘いが起きることもある．私はこういった闘いで受けた負傷がもとで死んだオスを2頭知っているし，ダイアン・フォッシーもヴィルンガで収集したオスの頭骨の70％に犬歯が刺さったような致命的な傷があったと報告している．交尾季のないゴリラでは，オスのメスをめぐる争いはときには死にいたるほど激しさを増すことがあるのだ．

　チンパンジーの群れ間にはさらに激しい闘いが起こる．タンザニアのゴン

図5・4　負傷したゴリラのオス

ベには隣り合う二つの群れがいたが，ジェーン・グドールが調査を始めて13年目に一方の群れのオスたちが他群のオスやメスを次々に襲って殺すという事件が起こった．犠牲者は単独で遊動していたオスやメスで，殺害者は徒党を組んで遊動域に侵入してきたオスたちである．侵入者にメスが混じっていることもあった．攻撃は不意打ちではじまり，よってたかって犠牲者を押さえつけて殴り，大きな犬歯で噛み裂くという残虐なものだった．3年ほどの間に少なくとも6頭のオスと2頭のメスが殺され，残ったメスたちも姿を消した．そして，この群れが遊動域から完全に消滅してしまった結果，襲撃した群れがその地域を遊動するようになった．襲撃された群れのメスがこの群れに加わっている姿も確認された．すなわち，殺害者のオスたちは隣接群の遊動域とメスを手に入れたわけである．

　こういった事件はゴンベに留まらなかった．数年後に，今度はその近くのマハレで同じような事件が起こった．二つあった群れのうちの一方の群れのオスが他方の群れのオスたちを攻撃し，次々に殺していったのである．襲撃された群れは消滅し，メスたちの一部は殺害者のいる群れへ移籍した．遊動域はその群れが乗っ取る形になった．最近になって，ウガンダのキバレ森林でも一つの群れのオスたちがいっしょになって隣接群の遊動域へ侵入し，オ

5・4 集団間の争い

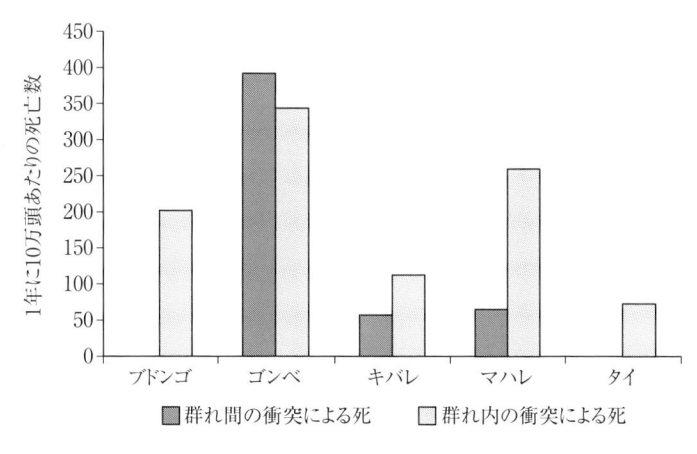

図5・5 長期調査地における暴力による
チンパンジーの死亡数[5-1]

(凡例: 群れ間の衝突による死／群れ内の衝突による死)

スを襲撃して殺害するのが報告されている．チンパンジーのオスによる隣接群への襲撃は，少なくとも東アフリカの3地域に生息するチンパンジーには共通する現象らしい（図5・5）．

殺害されたオスたちは全身に深い傷を受けていたが，多くが睾丸を傷つけられていた．睾丸を二つとも抜き取られていたこともある．こういった性器への攻撃は他の霊長類ではまれである．ゴリラのオスどうしの闘いでは頭部や肩，背，腹が攻撃の的になるが，性器が狙われたことはない．実は，飼育されているチンパンジーにも同じような例が報告されている．オランダのアーネム動物園で群れ飼育されているチンパンジーに，あるとき激しい闘いが起こった．3頭いたオスが互いに連合を組み替えて優位に立とうとしたのである．ある晩，最も優位に立っていたオスが他の2頭のオスに襲われた．翌朝，虫の息で発見された犠牲者は睾丸を嚙み千切られていた．チンパンジーのオスたちの闘いには性をめぐる深い葛藤が潜んでいると思われるのである．

ところが，ボノボにはこのような激しい闘いは全く起こらない．それどころか，隣接群どうしが交じり合い，他群のオスが自群のメスと交尾をするの

を黙認するというのである．異なる群れに属するオスどうしが仲良く並んで休み，メスどうしが性器をこすり合わせてあいさつしたりする．ボノボの隣接群どうしは遊動域を大幅に重複させており，こうした平和な出会いは頻繁に起こるという．チンパンジーとは全く対照的である．

コンゴ民主共和国のワンバ森林でボノボの調査を長年行ってきた加納隆至は，ボノボではオスがメスより優位とは言えず，性交渉を頻繁につかって社会的緊張を解くことが集団内，集団間の敵対性の緩和に役立っていると指摘している．たしかに，ボノボのオスは発情メスをめぐって争うことが少なく，優位なオスでもメスと独占的に交尾関係を結ぶことがない．交尾相手の選択はメスに委ねられており，メスは長期間発情するので完全に交尾から阻害されるオスはいない．群れ間の出会いでも，メスが積極的に性交渉を用いて他群のオスを誘うようである．このように性交渉を社会交渉に多用して，メスが社会交渉のイニシアチブを握ったことが，ボノボのオスどうしが敵対的になることを抑止する大きな役割を果たしていると考えられる．

さて，では人間はどうだろうか．人間の社会には集団間に時として激しい敵対関係が生じ，それが殺し合いに発展することがある．とくに，女性をめぐる男たちの争いは激しく，性器への傷害が伴うことがある点を見てもチンパンジーとよく似ている．リチャード・ランガムは，狩猟採集社会と農耕社会に起こった集団間の暴力の頻度を比較し，農耕社会の暴力が3倍近く多いことを指摘している（図5・6）．興味深いことに，

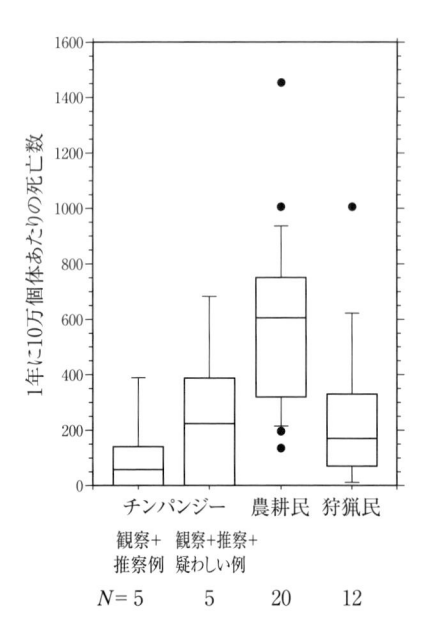

図5・6 チンパンジーと人類社会の集団間暴力による死亡数[5-1]

狩猟採集社会の頻度はチンパンジーの群れ間に起こった暴力の頻度に近い．このことは，人間の社会は農耕が始まるまではチンパンジー並みの暴力に留まっていたことを示唆している．それが霊長類としては格段に多いのか，あるいはその発現の様相が特異なのか，今の段階でははっきりしたことは言えない．しかし，人間に最も近縁なチンパンジーのオスが父系的な連合を組み，他群を襲うという現象は特筆すべきものだろう．それが遊動域と繁殖相手の獲得に向けられているものであるとすれば，それはさらに示唆的である．人間社会における現代の戦争は冷徹な計算に基づいた経済的な動機から起こるものだが，古代の集団間の争いは土地と異性の集団的所有をめぐるものから始まったと思われるからだ．チンパンジーとボノボの対照的なあり方は，人間の祖型社会がチンパンジー的な性格をより強くもっていたことを示しているのかもしれない．

6 社会的知性とコミュニケーション

6·1 攻撃と和解

　同種の仲間を攻撃するということは，ふつう相手に対して自己の権利を主張するという動機に基づいている．その主張が認められれば攻撃は止むし，認められなくても相手との間で何らかの合意に達すれば攻撃を続ける必要はない．

　霊長類にとって最も原初的な攻撃は，単独生活者のなわばり防衛行動であろう．夜行性の原猿類は1頭ずつなわばりを構えて暮らしている．自分のなわばりに他者が侵入してくるとそれを攻撃し，なわばりの外へ追い払う．自分が他者のなわばりを侵せば，同じように攻撃される．交尾をするときだけ，雌雄はなわばりを解消して交尾相手を受け入れる．このように，攻撃はそれぞれの個体が対等に距離を取り空間的に分散して暮らすように発現しているのである．

　集団生活をするようになると，まず自分の集団の仲間と外の同種個体を見分ける必要が出てくる．ペアの社会型は，特定の異性だけを許容し，他の個体を排除する行動によって維持される．とくに同性どうしは強く反発しあっており，決して同じ集団に共存しない．親子であっても子どもが成熟すれば同性どうしは反発を強めて別れあう．ペアを組む特定の異性とは長期間にわたって配偶関係が持続する．しかし，必ずしもペアの間でだけ交尾が行われるわけではない．最近のテナガザルの調査で，DNAを用いた父子判定の結

果，メスがパートナー以外のオスの子を生んでいることがわかってきた．ペアの構造は異性間の固い結びつきよりも，同性個体を排除しようとする行動によって保たれていることが示唆される．

　単独生活をする種もペアの群れで暮らす種も，雌雄の間に体格上の性差はほとんどない．だから，同性間にも異性間にも優劣をはっきりと認知するような行動は発達していない．攻撃は対等性を維持するために起こり，空間的に分散することによって解消する．一方，ペア以上に大きい集団を作って暮らす種では，雌雄に体格上の性差がある．そして，攻撃を分散以外の方法で解消する方法で共存している．

　集団生活をする種に最も一般的に見られる方法は，仲間どうしに優劣を認め合い，攻撃の方向を決めてしまうことである．これは場所をめぐる了解で，食物のある場所や休み場所は優位な者が優先的に占めるということだ．そのため，すでに食物のある場所に陣取っている者でも優位者が来れば場所をゆずり，優位者が占めている場所へは劣位者は近づかない．かつて，ニホンザルを餌付けして観察した日本の霊長類学者たちは，ミカンテストというサルたちの優劣を判定する方法を考案した．2頭のサルたちの間にミカンを投げると，必ず一方のサルだけがとるのである．この方法を用いて，100頭を超える大きな群れにいてもサルたちの間には直線的な優劣の順位が認知されていることが判明した．第1章で紹介したように，川村俊蔵はさらにニホンザルのメス間に家系順位や末子優位の法則が成り立つことを発見した．

　直線的な優劣順位は，攻撃が起こった際に周囲が勝者を認めて紛争を収めようとする傾向によって維持されている．優位者は肩を怒らし，顔を下げて相手をにらむ．劣位者は顔を上げて歯をむき出し，悲鳴を上げる（図6・1）．この歯をむき出す表情はグリメイスと呼ばれ，人間の笑いによく似ていて，自分が劣位であることを表明して相手の攻撃を止める効果がある．けんかが起こると，どちらかが場所を離れるか，劣位な表情を浮かべることによって攻撃は止む．メスは血縁関係の近い仲間に加勢することが多いが，オスは優位なほうに加勢する傾向がある．また，攻撃されたサルは自分より順位の低

図6·1 手前の優位なアヌビスヒヒに接近され，劣位なヒヒが歯をむき出して（グリメイス），敵意のないことを表明している．

いサルに攻撃を向けることが多い．これを再定位攻撃と呼ぶ．他のものに攻撃を向けることで，敗者となっている自分を勝者にすりかえていると考えられる．攻撃の流れが優位から劣位へ向けられることによって，直線的な順位が確認され強化されるわけである．

　こうした優劣の認知はふつう群れの中でしか通用しない．いったん群れを離れてしまえば，それまで優位な立場にあったものでも優位に振舞えるとは限らない．ニホンザルの自然群ではどんなに優位なオスでも群れに生涯とどまることなく，やがて群れを離れて単独生活を送るか，他の群れへ加入することが知られている．群れを離れたオスはあまりいっしょにいることはなく，離れあって暮らしていることが多い．他の群れに入るときもたいがいは最も低い順位で加入する．それまでの群れで高い順位にあっても，新しい群れでは劣位な立場に甘んじるのである．このことから，ニホンザルの優劣順位は群れで共存するために差異を顕在化する了解と考えることができる．生涯にわたって一つの群れで暮らすメスにとっては母親から受け継がれる安定した順位だが，群れを渡り歩くオスにとっては群れを替わるたびに新しく仲間の

6・1 攻撃と和解

了解を得て作り直さねばならないものなのである.

　複雄複雌の群れで暮らす種では，オスにもメスにも優劣順位がある．しかし，単雄複雌の群れで暮らす種のオスは，同性どうしが反発しあって対等な関係を保っていると考えられる．オス間にトラブルが生じた場合，互いに離れ合えばよく，優劣を認め合って共存する必要はない．しかし，こういった種でもオスどうしが共存する場合がある.

　たとえば，マントヒヒは単雄複雌群が複数集まったバンドと呼ばれる集団をつくり，さらにそのバンドがいくつか集まったトゥループと呼ばれる大集団をつくる．こういった大集団は，エチオピアやサウジアラビアの樹木の少ない草原で暮らしているため，捕食者への防御を固める必要から発達したと考えられている．このため，単雄複雌群であっても複数のオスが同じバンドやトゥループの中で顔を合わせる事態がよく起こる．こうした時オス間にトラブルが生じると，他のオスたちは負けそうになった敗者を支援する．この行動によって群れを構えるオスが完全に敗北してメスを失う事態は防がれている．つまり，これらのオスたちは，優劣順位を顕在化させず，それぞれのオスたちが対等の関係を維持できるように仲間に働きかけているということができる．ただ，マントヒヒのオスは劣位を示すグリメイスの表情をもっているので，過去には優劣関係を顕在化させて複数のオスが共存するような社会をもっていたと考えられている．事実，マントヒヒに近縁なアヌビスヒヒは複雄複雌群をつくり，オス間には直線的な優劣順位が認められる．マントヒヒの祖型はこうした複雄複雌の群れで暮らしていて，オスがメスを囲いあうような行動を発達させたことによって比較的近い過去に単雄複雌群をもつ重層社会に移行したのではないかと推測されている.

　さて，私が長年調査してきたゴリラも単雄複雌の構成をもつ群れをつくり，複数のオスを含む群れも見られている．この社会ではオスの共存方法も，攻撃の解消の方法もニホンザルとは異なっている．ゴリラはニホンザルのような母系ではなく，メスが群れ間を移籍する社会をつくるので，一つの群れに共存するメスどうしは血縁関係がないことが多い．このため，メスたちは

図6・2 マウンテンゴリラのオス間に見られたけんかの仲裁
対決しようとしているおとなオスの間に若いオスが割って入り、顔を近づけてなだめている.

協力し合って優劣順位を上げようとすることはない．自分や子どもが不利な立場に置かれれば自己主張するし，攻撃されれば対抗するが，勝敗が決するまで闘うことはない．このため，ゴリラには劣位な態度を表明する身振りや表情が発達していない．メスどうしや子どもの間にトラブルが起こると，体の大きなオス（シルバーバック）がすぐさま介入して止める．けんかをしている2頭の間に体を割り込ませ，攻撃を仕掛けるほうを諫めて仲裁する（図6・2）．こういった仲裁はニホンザルでも最優位のオスに見られる．ただ，ニホンザルの場合自分の優位性を誇示しているのか，けんかを仲裁しているの

か定かではない.

　ゴリラに特徴的なのはオスどうしのけんかにメスや子どもが介入して仲裁することである.優位な者どうしのけんかに劣位な者が介入する仲裁は,ニホンザルでは決して見られない.攻撃は直線的順位序列に沿って起こるので,逆方向の攻撃による仲裁は不可能だからである.ゴリラのけんかで劣位者の介入が可能なのは,ゴリラが優劣を認め合って攻撃を止めるのではなく,対等な立場でメンツを守るマントヒヒ的な解消方法を採用しているからである.しかし,介入する仲裁者は敗者に加勢するのではなく,けんか自体を止めることを目的とする.したがって,仲裁者は勝者にも敗者にも攻撃を向けず,ただけんかをしている者たちを引き離し興奮を静めることに集中する.それがけんかをしている優位者にわかっているからこそ,劣位な仲裁者を振り払うことなくおとなしく引き分けるのであろう.ゴリラのシルバーバックどうしがいったん闘えば,死にいたる激しいものになる可能性がある.どちらも引かないからだ.シルバーバックたちが互いに違う群れを構えていれば,激しいけんかが起こらないように距離をとればいい.しかし,一つの群れに共存するためには何らかの了解が必要だ.シルバーバックたちが対等な立場で共存するためには,仲裁者が不可欠なのである.

　チンパンジーは複雄複雌の群れを作り,直線的な優劣順位に基づいた社会交渉を交わす.だが,ゴリラと同じようにメスが群れ間を移籍する社会なので,共存方法がニホンザルとは違う.まず,メスたちはあまり一緒に行動しない.メス間の優劣ははっきりしているが,協力して順位を維持しようとすることはない.また,発情すればオスの協力を得て一時的に優位に振舞えることもある.一方,チンパンジーのオスは生涯一つの集団で暮らすため,それぞれの性格や力量をよく知っている.それぞれの力ではなく,仲間と連合しあって勢力争いをする.強力な味方を得られれば順位を上げることができる.このため,オスどうしの争いは時には苛烈なものになる.ライバルの連合関係を作ることを阻止し,自分の連合を強化するようなとも言える策略をめぐらす.また,チンパンジーにもゴリラに見られるようなメスや劣位な第

図6・3 チンパンジーのグルーミング
オスどうしは連合して社会的地位を保つため,互いの関係づくりに余念がない.

三者によるけんかの介入と仲裁行動が知られている.

　チンパンジーのけんかにもう一つ特徴的なのは,けんかの後に和解行動が見られるということである.フランス・ドゥ・ヴァールは,チンパンジーがけんかをすると20分以内に当事者間にグルーミング(図6・3)や抱き合い,キスなどの親和的な交渉が増えることを発見した.これはけんかによって生じた二者間のわだかまりやあつれきを緩和しようとする和解行動だと考えられている.当事者間ではなく,けんかをしたどちらか一方とそれを見ていた第三者との間に親和的な交渉が増えることもある.ゴリラはチンパンジーほどあからさまな行動は見せないが,けんかのあと当事者や第三者が歩み寄ってじっと顔を見合わせる行動があり,やはり和解行動の一つと考えられている.ニホンザルやアカゲザルでもけんかの後に親和的な交渉が増えるが,チンパンジーほど顕著ではない.むしろ,けんかの後に両者が出会った際,互いに無視し合うのが和解に匹敵する了解だと考えられている.つまり,「あたかもけんかがなかったように」振舞うことによって,けんかによる両者の敵対関係を解消しているというわけである.こうした無視による和解は厳格

な優劣順位をもった種に多く，ニホンザルと同じマカク属の種でも比較的緩やかな優劣関係を示すボンネットモンキーやベニガオザルでは，けんかの後にグルーミングが増えるという報告がある．しかし，第三者を含む和解行動は類人猿にしか見られない．

　顕著な和解行動は，敵対的交渉を空間的に離れあったり，優劣の認知によって共存することに終わらせず，それまでとは違った社会関係を構築する可能性を開く．和解によって，少なくとも自己主張を相手に認めさせたうえで共存への了解を得られるからである．弱すぎる主張は相手に届かないし，強すぎる主張は関係を破綻させる．和解は破綻しかけた関係を修復し，新たな関係を提案するのである．そこに第三者がからむところに類人猿の特徴がある．類人猿の社会では二者間の敵対的な関係を第三者が関与して変えられるということを示唆している．第三者を介して他者とつながりをもつ人間の社会に一歩近づいた社会性をもっていると考えられる．

6・2　不平等社会と平等社会

　伊谷純一郎は，霊長類の社会性が社会構造とともに進化してきた歴史を考察し，「人間平等起源論」をまとめた．これは 1754 年にジャン・ジャック・ルソーが著した『人間不平等起源論』への霊長類学からの回答であり，人間社会の起源について再考を迫る論考だった．

　ルソーは「自然状態の人間」を，動物のように自由で平等であると考えた．理性が発達する前に，人間は自己を保存する原理と仲間の苦しみに同情する原理とをもっていた．この二つの原理を組み合わせ，他者からの影響によって生じる虚栄心や自尊心を排して，自由で独立した存在となった人間をルソーは自然人と呼んだ．それは，自分の真の欲望だけを感じ，見て利益があるものしかながめず，すべて自分ひとりで用が足せる人間だった．その自然人から道徳を奪い，不平等な社会をもたらした原因こそ社会制度だとルソーは考えたのである．

しかし，ルソーの時代に動物の社会を本気でながめた学者はいなかった．現代の知見からすれば，動物は決して自由で平等な社会に暮らしているわけではない．さらに，伊谷は霊長類がすでにルソーのいう「自然状態」を脱していると考えた．単独生活者やペア型の群れをつくる社会は，互いに対等な関係を保持しているので，この自然状態に匹敵する．伊谷はこれを原初的平等な社会と呼んだ．そして，優劣の認知に基づいて集団生活を営んでいる霊長類の社会を先験的な不平等社会と名づけた．

人間以外の動物の社会に見られる，個体の了解に基づく規則を伊谷は規矩と呼んだ．霊長類がペア以上の集団生活を実現させるためにもった規矩は，優劣という社会関係だった．二者が競合するような状況で，劣位者に抑制を強いるような規矩を発達させることで，争いを未然に防いで共存することに成功したのである．不平等原則はメスが生涯にわたって群れを離れず，血縁関係にあるメスたちが協力して繁殖生活を送る母系の社会に現れやすい．社会的地位が母親から娘へと継承されていく母系の社会こそ，伊谷はこの規矩が定着しやすいと考えたのである．

これに対して，メスが親元を離れる非母系的な社会では不平等原則が現れにくい．メスは移籍した群れで血縁関係にない仲間と新たに社会関係を構築せねばならない．チンパンジーのように，オスが生まれ育った集団に残り続けたとしても，母系社会のメスのように親子がはっきりしないため父子関係に基づく優劣順位をつくることができない．このため，非母系の類人猿社会では安定した優劣関係が形成されない．かわりに，不平等な関係が顕在化しないような規矩が生まれることになったと伊谷は考えた．

前述したように，類人猿では第三者がけんかに介入して勝者を作らずに仲裁することがある．これは優劣の関係が露呈することを防ぐ行動の一つである．また，社会的緊張を減じる方法としてニホンザルがマウンティングをするのに対して，ボノボは性器こすりをする．マウンティングは乗るほうと乗られるほうに役割が分化していて，差異化が共存を生み出す不平等社会にふさわしい．一方，性器こすりは双方が同じ行動をすることによって成り立ち，役割の分化が見られ

ない．こうした優劣が顕在化しない交渉によって作られる社会を，伊谷は条件的平等社会と名づけた．類人猿社会にも先験的な不平等は認められる．食物のある場所や休息に適した場所をめぐって争いが生じ，劣位者は優位者に場所をゆずる．しかし，そうした不平等が否定されるように現れる社会交渉があり，それが類人猿の社会を特徴付けているのである．

類人猿以外の霊長類の社会にも，不平等の規矩が否定されるように現れる社会交渉がある．それは社会的な遊びである（図6・4）．遊びは他の社会交渉と違って明確な目的がない．結果的に仲間との親睦を深めたり，運動能力の向上に役立つことはあっても，それが目的として行われるわけではない．しかも，遊びは他者に強制できない．優位者が劣位者を遊びに誘っても，劣位者はこれを無視できるし，拒否されれば遊びは成立

図6・4　霊長類の遊び
①ニホンザルの子どもたちのレスリング，②ゴリラの子どもたちのレスリング，③ゴリラの子どもたちのヘビダンス（列を作ってヘビのようにくねくね歩く）

しない．遊びは他者との積極的な関与を必要とする快楽をともなう社会交渉だからである．また，遊びを持続させるためには優劣の差異を顕在化させないことが肝要である．このため，体の大きいほうは姿勢を低くしたり，わざとゆっくり動いたり，小さいほうに追いかけさせたりしてバランスをとる．この行動は，体力に勝るほうが自分にハンデをかけるので，ハンディキャッピングと呼ばれている．体力で劣るほうも，より積極的に自分の力を出すようにすれば遊びはさらにエスカレートする．ハンディキャッピングによって相手との差異を縮め，相手をそそのかしてより積極的な態度を引き出すことが遊びを長引かせる条件になるのである．

このように，遊びには参与者の優劣関係がなるべく表現されないようになっているので，すでに強固な優劣関係をもっているおとなにはなかなか難しい．遊びが子どもの特権であるといわれる所以はここにある．まだ固定的な優劣関係を認知していない子どもたちは，それを前面に出さずに遊びを満喫できるからである．類人猿でも子どもが最もよく遊ぶことは他の霊長類と同様である．しかし，類人猿はおとなになってもよく遊ぶ．しかも，子どももおとなも長時間遊ぶ能力をもっている．類人猿以外の霊長類の遊びは追いかけっこやレスリングが主で，平均して10秒ほどである．ところがゴリラやチンパンジーの遊びは中断を挟んで数十分，ときには1時間以上も続くことがある．これは，類人猿がハンディキャッピングの能力に長けているせいである．

類人猿でもさすがにおとなどうしはめったに遊ばず，おとなの遊び相手は子どもであることが多い．こうした遊びでは，子どもはおとなの誘いをよく無視するが，おとなはなかなか子どもの誘いを拒否できない．子どもに乱暴に頭をたたかれたり，追いかけられたりしているおとなのオスたちの姿は微笑ましい．おとなと子どもの遊びのイニシアチブは，子どもの手に握られているのである．ゴリラのオスの子育ては，このようなオスと子どもの遊びが大半を占める．類人猿の社会はおとなの交渉にも遊びという要素を潜ませることによって，優劣を顕在化しない社会交渉を可能にしているのである．

6・3 対面交渉と食物の分配

条件的平等原則に基づく規矩は，類人猿の対面交渉にも現れている．

集団生活をする霊長類は互いに視線を合わすことを避ける傾向がある．これは，相手の顔を注視することが穏やかな威嚇の意を含んでいるからである．先験的不平等原則に基づく社会では，相手の顔を注視するのは優位者の特権である．劣位者が優位者の顔を見つめれば，挑戦したと受け取られて反撃を食らうことになる．そのため，劣位者はなるべく優位者と視線を合わせないようにして暮らしているのである．じっと見つめ合うことができるのは母親と幼児の間に限られている．性交渉や親和的な交渉ですら目を合わさずに行われることが多い．交尾姿勢も一方が他方の腰に乗るマウンティングだし，グルーミングも背中から始められ，目を合わすことが極力避けられている．

ところが，類人猿は対面した姿勢で目を合わせて社会交渉を行うことが多い（図6・5）．たとえば，ゴリラはあいさつするときに一方が他方に近づい

図6・5 類人猿ののぞき込み行動
①と②：チンパンジー，③：ゴリラ

て顔をじっとのぞき込む．ニホンザルならば，これは威嚇を意味し，のぞき込まれた劣位なサルはグリメイスを顔に浮かべて視線を外そうとする．しかし，ゴリラではのぞき込まれたほうが決して劣位な表情や態度を示さない．それどころか，のぞき込むのが劣位なゴリラであることが多い．ゴリラでは視線が威嚇と強く結びついてはいないのである．のぞき込み行動は，相手を性交渉や遊びにさそう，けんかの後の和解，けんかの仲裁の際に第三者が当事者に対して示す行為である．この対面交渉は相手との間に優劣の関係を投影せず，相手の行動を変える効果をもっていると考えられる．それが劣位者の誘いかけによって起こるところに重要な特徴がある．のぞき込み行動は，遊びのように年少者や劣位者がイニシアチブを握り，優位者が抑制することによって成り立つ社会交渉なのである．

のぞき込み行動は，食物をめぐる類人猿に独特な交渉にも登場する（図6・6）．ゴリラは，食物を食べている仲間に近づいて，その食物と相手の顔をじっとのぞき込むことがある．のぞき込まれたゴリラは最初は知らん振りをして

図6・6 類人猿の食物分配
　①：ボノボ（古市剛史撮影），
　②：ゴリラ

いるが，執拗にのぞき込まれるとしぶしぶとその採食場所を明け渡す．のぞき込むゴリラは劣位のゴリラであることが多く，食物をもった優位なゴリラはほとんどが採食場所を譲るのである．ところが，優位なゴリラが同じようなのぞき込み行動を示しても，劣位なゴリラは無視することが多い．ニホンザルとは全く反対のことが起こるのである．

　この食物をめぐる交渉は，チンパンジーやボノボになるともっとあからさまである．彼らは食物をもった仲間に近づき，のぞき込むだけでなく，手を出して食物の分配を要求する．ゴリラと同じように分配を要求するのは劣位な個体であることが多く，食物をもった優位者はなかなかこの要求を拒めない．逆に，優位なチンパンジーやボノボが分配を要求しても無視されることが多い．これはどういうことだろうか．

　分配される食物がありふれた，どこにでもあるような物であることから見て，この行動は食物への切実な希求から起こるものではない．むしろ，食物の譲渡を通して相手と自分との社会関係を確認しているのではないかと思われる．優位なゴリラやチンパンジーが劣位者の要求を受け入れて譲歩するのは，自分の社会的地位や面子を保つために彼らの協力が必要であることを知っているからだ．類人猿は食物を社会関係の維持や強化のために用いると言えるかもしれない．ただ，食物が分配される結果，類人猿たちは互いに向かい合って食物を食べることが多くなる．これは食を介した対面交渉で，仲間の視線を避けて背を向けて食べることの多いニホンザルとは好対照である．

　チンパンジーには，もう一つ特別な分配行動がある．それは肉の分配である（図6・7）．チンパンジーは常習的に狩りをして，サル，リス，イノシシ，ダイカー類などを捕食する．すばやく追跡してつかみ獲りをするのだが，メスよりもオスのほうがはるかに頻繁に行う．オスの数が多いほど狩猟の成功率が高い．獲物を追跡して捕まえると，騒ぎを聞きつけてオスもメスも子どもたちもこぞって獲物のまわりに集まってくる．そして，みんなで獲物の肉を引きちぎって取り合いをする．これを一次分配という．この分配では優位

図6・7 チンパンジーの肉食と分配

なオスが獲物の大部分を持ち去る．そして，今度はその優位なオスにみな分配をせがむのである．肉を分配するチンパンジーの態度は，植物性の食物の分配とは明らかに違う．肉は誰もが欲しがる貴重な食べ物なのである．肉を手にした優位なオスは誰にも平等に分配するわけではない．同盟関係にあるオスや，近親のメス，発情したメスなど，明らかに自分にとって有利な相手を選んで分け与える．とくに，ライバルのオスにはほとんど分配することはない．肉の分配では，食物が政治と言えるような策略の道具として使われているのである．

　人間の社会では，もちろん食物は常に分配して食べるものと考えられている．類人猿の食物分配との違いは明らかだ．まず，類人猿は自分から積極的に食物を与えることはない．のぞき込んだり手を伸ばしたりといった分配を要求する行動が必ず先行する．それに，分配を前提にして食物を運搬することはない．人間は食物を採集するときから仲間へ分配することを前提にして行動している．だから，自分の必要以上の食物を集め，しかもその場で食べることをせずに仲間のもとへ持ち帰る．この過程に，幾度となく食べることへの欲求が抑制されている．そして，人間は食物を用いて巧みに人間関係を操作しようとする．食事はその好例である．食材の仕込みから調理，食器へ

の盛り付け，テーブルの飾り付けや，調度品，服装にいたるまで，社会的地位や集まりの目的に合わせて選ばれる．テーブルの席次や食事のマナーなどが事細かに決まっている．人間の食事はきわめて社会的な目的をもった行動だということができる．しかし，その萌芽は実は類人猿の分配行動にあったのである．

人間の食事の席は対面するように作られることが多い．食事は，食を介して対面することに大きな意味があるからだ．食事以外にも，人間の社会は多様な対面交渉によって支えられている．おじぎや握手などのあいさつ，遊び，性交渉など，あらゆる社会交渉に対面することが組み込まれている．とくに重要なのが，対話である．対話では向き合うことが原則とされ，相手をまっすぐ見据えて話をすることが真摯な態度と見なされる．横を向いて話をすると興味がない，あるいは否定的だと思われることが多い．言葉をやり取りしながら，人間は対話の姿勢や視線によって自分と相手との社会関係を確認し，操作しようとするのである．これも類人猿との共通祖先から受け継いだ独特なコミュニケーションだと考えられる．

常に互いの優劣関係に基づいて行動するサルの社会に比べて，類人猿の社会は多様で可塑的な社会関係によって成り立っている．それは，類人猿が自己を認知できる能力をもっていることとも関連がある．心理学者のギャラップは，自分の目では見えない身体の部分に印をつけて鏡を見せる実験をした．チンパンジーはすぐに鏡に映っている姿が自分だと気づき，手でその印に触ったが，類人猿以外の霊長類には自分の映像だとは理解できなかった．ゴリラやオランウータンは初めは鏡像理解ができないと判断されたが，その後の実験によってできることが証明された．また，類人猿は仲間が見ているもの，見えていないものを理解して行動することができ，「心の理論」をもっていると言われる．つまり，類人猿は仲間の心のあり方によって自分の行為を変えることができるということだ．その手がかりになるのは顔である．のぞき込み行動や対面交渉は，類人猿が相手の心の動きを知るために不可欠な情報を提供してくれるのではないだろうか．

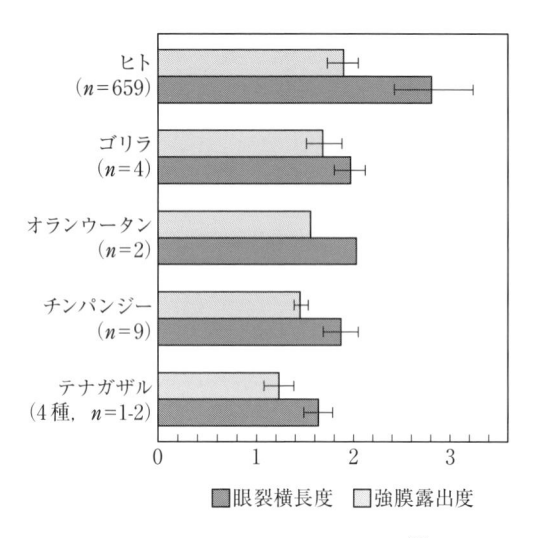

図 6・8　人間と類人猿の目の形状 [6-1)]

　人間は対話する相手の心を読むために，さらに便利な身体的手がかりをもっている．それは白目である．小林洋美らは，霊長類の目の形態を比較して，人間の目がとくに横長で強膜が広く露出し，色素がない白目になっていることを発見した（図6・8）．この特徴は，視線の動きを手がかりとしてコミュニケーションに役立っており，対面交渉の中で大きな効果を発揮する．おそらく言語以前に，目の表情が人間のコミュニケーションとして重要な時代があり，それが類人猿との共通祖先から受け継いだ体面コミュニケーションを飛躍的に発達させたのだろうと考えられる．操作的で指示的な言語はその基礎の上に発達したに違いない．

6・4　道具使用行動と文化

　1950年代に，日本の霊長類学者は宮崎県の幸島でニホンザルのイモ洗い行動（図6・9）を発見し，これを人間以外の動物が示した文化的行動と見なした．餌付けしたニホンザルの群れの中で，4歳のメスが砂浜にまかれたサ

ツマイモを水の流れに浸して砂を落とすことを覚えた．その後，このメスは海水で塩味をつけてイモを食べることを始め，他のサルもしだいにイモ洗いを行うようになった．この新しい行動は，まず母や姉という母系的な血縁を通じて上の世代へ，それから遊び仲間を通じて血縁を越えた同世代の仲間へと伝わった．遺伝によらずに，新しく獲得された行動が社会学習によって群れに伝播するとすれば，それは文化と呼びうると考えたのである．

図6・9 ニホンザルのイモ洗い（山口直嗣撮影）

　この報告は学界に賛否両論を巻き起こした．それまで文化は意識的で計画的なものと考えられていた．意識は言語によって現れるものであり，それゆえに文化は人間だけに可能な現象だというのが主たる反論だった．イモ洗い行動が餌付けという人為的な手段によって引き起こされたことも問題視された．自然の条件下で起こったものではないというのである．さらに，イモ洗い行動がはたして社会学習されたかどうかという点にも疑義が投げかけられた．サルには人間のような社会学習が難しいということがわかってきたからである．サルには，物と物との関係やいくつかの行為の意味をつなぎ合わせて，即座に理解しコピーする能力はない．目的を理解し，いくつかの行為を模写できるものの，後は個体学習と試行錯誤を繰り返して完成に近づくしかない．このため，イモ洗い行動は社会学習によって獲得され伝播された行動とは見なせないということになった．

　しかし，1960年代にタンザニアのゴンベでチンパンジーのシロアリ釣り行動が発見されると，霊長類学者たちはためらわずに文化という言葉を用い

るようになった．それは，チンパンジーが釣り棒を用いてシロアリを釣って食べていたからである．シロアリは土を固めて堅牢な塚を築き，その中にコロニーを作って暮らしている．出入りする穴は小さく，深いので，とても指を入れて捕らえることはできない．そこで，チンパンジーは手ごろな太さの枝を折り取って葉を取り除き，慎重に棒を穴へ差し込む．驚いて棒に咬みついてくるシロアリをそっと釣り上げて，すかさずなめとって食べるのである．穴の中のシロアリは見えないから，棒にシロアリが咬みついてくる感触を手がかりに釣り上げることを学習せねばならない．不適切な棒なら穴に入らないし，入れ方がまずければシロアリが咬みついてくれない．目的に合うように道具を選び，製作し，それを使用するという，予見と計画性をもつ行動がここには認められたのである．

　やがて，チンパンジーの野外調査がアフリカ各地で行われるようになると，さまざまな道具使用行動が観察されるようになった．ゴンベから南方へ100キロメートル離れたマハレでは，木の幹に巣くうオオアリを葉芯や小枝によって釣り上げる行動が観察された（図6・10）．ウガンダのキバレではグンタイアリの行列に棒を浸して釣り上げる行動が見つかった．ギニアのボッソウでは，アブラヤシの実を石で割って食べる行動が発見された．また，食べるためだけではなく，噛んでスポンジ状にした葉を木の洞にたまった水に

図6・10　チンパンジーのオオアリ釣り

6·4 道具使用行動と文化

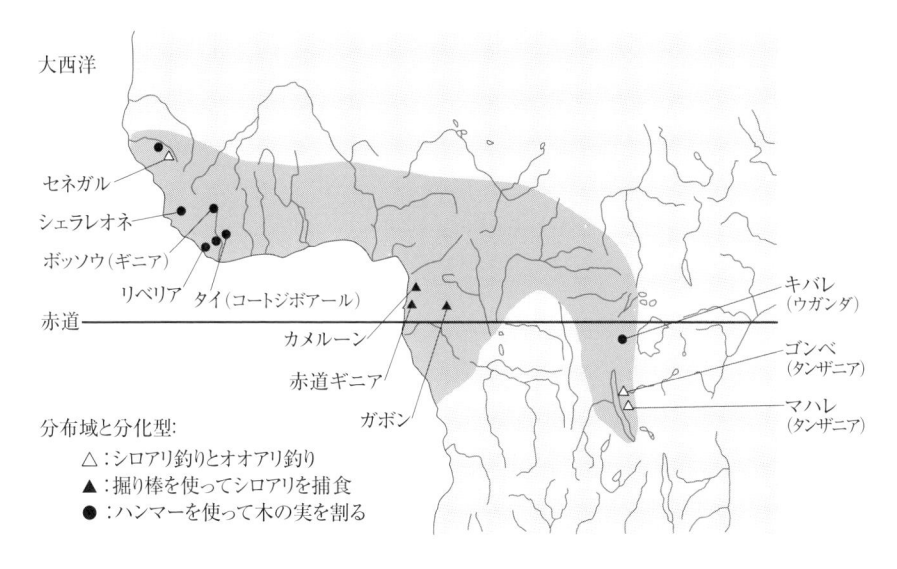

図6·11　チンパンジーの文化圏[6-2]

大西洋

セネガル
シェラレオネ
ボッソウ(ギニア)
リベリア
タイ(コートジボアール)
赤道
カメルーン
赤道ギニア
ガボン
キバレ(ウガンダ)
ゴンベ(タンザニア)
マハレ(タンザニア)

分布域と分化型:
△：シロアリ釣りとオオアリ釣り
▲：掘り棒を使ってシロアリを捕食
●：ハンマーを使って木の実を割る

浸して吸い上げる行動や，葉で体を掻いたり，かみちぎる音で発情メスを誘惑したりする行動も報告されるようになった．これらの道具やその使用方法には明らかな地域差が認められた．道具は物として残り，その意図と計画性をも他者に伝播する．このことから，チンパンジーは多彩な道具文化をもっていると考えることができる（図6·11）．

　チンパンジーの物質文化を研究しているウイリアム・マックグルーは，文化的な行動を人間以外の種に承認するための基準として以下のような条件を挙げている．まず，新しい行動パターンの発明や改変があること（革新）．そして，そのパターンが革新者から他者に伝播すること（普及）．それに，そのパターンが安定化し，様式化した上で（標準化），お手本を示さなくてもパターンが再現されるようにならなければならない（再現性）．これが集団から集団へと伝えられれば伝播となるし，世代から世代へ受け継がれれば伝統になる．さらに，マックグルーはこれらの行動様式の発現と普及に人間の直接的な影響がないことを条件として加えた．チンパンジーのいくつかの

調査地で発見された道具使用行動は,この最後の条件をも満たしている.ボッソウやキバレのように,餌付けの影響がない条件下で多様な道具が製作され,使用されているからである.

　チンパンジー以外の類人猿にも,道具を使う行動が報告されている.スマトラ島に生息するオランウータンは,木の洞に作られたハチの巣に小枝を差し込んでハチミツをなめとる.また,ネーシアという堅い殻と棘に守られた果実の割れ目に小枝を差し入れて,脂質に富んだ種子を取り出して食べる.ボルネオのオランウータンはあまり道具使用行動が知られていないが,孤児たちを野生復帰させる訓練のために集めたリハビリテーション・センターでは多彩な道具使用行動が知られている.これらの行動を比較したヴァン・シャイクたちは,ボルネオで野生のオランウータンに道具使用行動があまり見られないのは,スマトラよりも生息密度が低く,集合する機会が少ないためであると考えている(図6·12左).単独生活をするオランウータンでも,果実

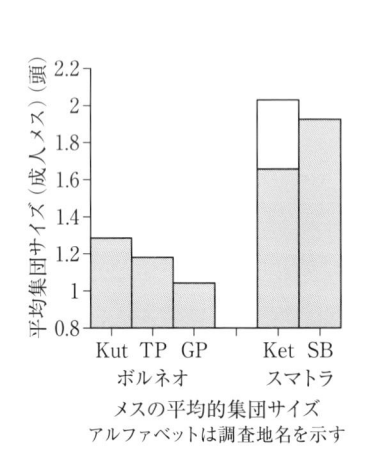

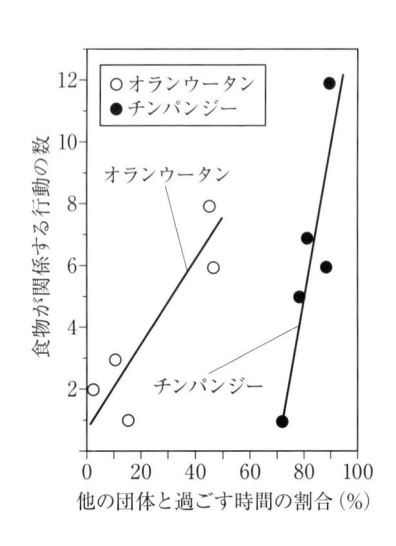

図6·12　左図:ボルネオ島とスマトラ島でオランウータンのメスの平均集団サイズを比較[64]
　　　　右図:オランウータンでもチンパンジーでも食物が関係する行動の数は他個体と過ごす時間に比例して増加する(社会学習の機会に対応する)[6-3]

が豊富になる場所には複数のオスやメスが集まることがある．こうした機会に，道具使用の技術をもっている個体と出会い，その行動を観察できれば学習される可能性が高いというのである．オランウータンはチンパンジーに匹敵するほどの学習能力をもっている．しかし，学習が可能になるには仲間と出会い，技術を近くで観察できるように許容されることが必要になる．その違いが，スマトラとボルネオの差になって現れていると考えられるのだ．

　しかし，ボノボやゴリラはチンパンジー以上にまとまりのいい群れを作って暮らしている．それなのに，野生では道具使用行動がほとんど見られないのはなぜだろう．ボノボもゴリラも飼育下では高い知性を示し，さまざまな道具を使う．人工的なアリ塚を作って小枝やつるを与えると，彼らはすぐに課題を理解し，上手に道具を使ってアリ塚に仕込んであるハチミツをなめとる．ところが，野生では体についた汚物を葉で拭ったり，小枝で歯をほじるなどの行動がわずかに記録されているだけである．ゴリラの生息域にもシロアリの塚はあり，シロアリばかりでなくツムギアリやサシアリもゴリラの食物となっている．しかし，ゴリラは手で塚を壊してシロアリを食べ，鋭い棘のあるサシアリも手のひらで叩いてから食べる．道具を全く使わないのである．

　これは，ボノボやゴリラが道具を使わずに食べられる食物の豊富な熱帯雨林に暮らし続けてきたためと解釈されている．ボノボの生息するコンゴ盆地の熱帯雨林では，季節を問わず多種類の果実が豊富に得られる．また，ゴリラは果実以外の地上性の草本を多く食物に取り込んだため，道具を用いてまで新しい食物を求める必要がなかったに違いない．チンパンジーが道具を使って食べるのは主として昆虫である．しかも，これらの昆虫はチンパンジーの手では壊せない塚や木の洞の中に隠れていたり，鋭い棘や口をもっている．また，可食部分が硬い殻につつまれていて手では取り出せない．そういった食物は物理的な障壁や武器で食害を防いでいるため，化学的な防御が発達していない．タンニンやアルカロイドといった消化を阻害する物質が含まれていないため，糖分や資質に富んだ部分をそのまま消化できる．ボッソウでチ

ンパンジーの道具使用行動を調査した山越 言は，栄養価の高い果実が不足する乾季にヤシの実を割ったり，ヤシの葉芯を杵のように用いて突さ，柔らかい髄を取り出して食べる行動が目立って増えることを発見した．過去に寒冷・乾燥の気候が地球を覆い，森林が縮小した時代に，チンパンジーは森林を出て乾季が長く果実が不足する状況に直面した．それが，チンパンジーの道具使用を生み出し，気候の温暖化によって森林が回復した後もその行動が残ったというのである．たしかに，チンパンジーがボノボに比べて雑食で，マメ科の樹木のヤニを食べるのはかつて乾燥域に適応した名残かもしれない．松ヤニのように固まるヤニは，乾燥した気候で植物が傷ついて樹液を失わないようにするために発達させた特徴であると考えられるからだ．人類がチンパンジー以上に多様な道具を用いるようになったのは，チンパンジーより乾燥した地域に生息域を広げたことがきっかけだったかもしれない．

ただ，ゴリラも道具に匹敵するような採食技術をもっている．ヴィルンガ火山群でマウンテンゴリラの採食技術を調べたリチャード・バーンは，ゴリラが棘のある食物を両手で上手に処理して食べることを発見した．たとえば，イラクサは細かい棘が茎や葉を覆っていて，触れると猛烈な痛みを起こ

図 6·13 **イラクサ**
細かい棘がたくさん生えていて，食べるには特別な技術が必要．

す（図6・13）．ゴリラは親指と他の指で丸を作り，この葉を棘に沿って丸の中に押し込んで畳んでしまう．こうすれば棘にあたらずに食べることができる．この作業には左右の手を交互に使用し，チンパンジーがナッツを石で割るときのような階層的な思考方法が必要になる．ゴリラはイラクサの他にも，ヤエムグラやアザミなど棘のある植物を食べるためにこのような技術を用いている．またバーンは，イラクサのない山裾のほうから移籍してきたゴリラのメスがこの採食技術をもたず，イラクサを食べることができなかったことを報告している．これは，ゴリラの集団ごとに異なる採食技術が伝えられていることを示唆している．道具を使わなくても，ゴリラには文化と呼べるような採食技術が観察学習によって世代から世代へ伝えられているのかもしれない．

　このように，少なくとも類人猿が文化の芽生えと呼べるような行動様式と，それを伝播させる知性や社会性をもっていることが明らかになった．しかし，その多くは食物に関する道具使用行動である．そもそも日本の霊長類学者たちが想定したニホンザルの文化的行動には，道具ではなく社会行動が多く含まれていた．オスが幼児に対して示す父性行動やグルーミングをするときに発する音声などである．これらは地域差が顕著な行動で，おそらく生態的な条件によって左右されにくい行動である．群れの伝統として維持されてきたとも考えられる．さらに，社会構造そのものも地域変異がある．河合雅雄は各地で餌付けされたニホンザルの群れの社会性を比較し，個体の集合性や社会交渉のあり方，それが起こる組み合わせに大きな違いがあることを発見した．今西はニホンザルにも社会構造を維持する行動に文化的な要素があり，それは単なる観察学習ではなくアイデンティフィケーション（同一化）によって習得されると考えた．アイデンティフィケーションとは，子どものサルがあるおとなのサルの行動を見て，あたかもその立場になったかのように感じて振舞うことを指す．オスが優劣順位を上げていくと，経験したこともないのに自然にリーダーのように取り締まり行動をするようになる現象を，アイデンティフィケーションによる習得過程と見なしたのである．これはまだ証

明されていないし，はたしてニホンザル程度の社会的知性で可能かどうか疑問の残るところだが，類人猿や人間には十分適用できる概念だろうと思われる．

　チンパンジーの社会行動を飼育下で研究しているフランス・ドゥ・ヴァールは，他者の行動を模倣するには他者に共感することが前提条件であると指摘している．他者のようになりたい，他者のように行動したいという動機が必要だというのである．ドゥ・ヴァールはこの学習過程を，今西のアイデンティフィケーションという言葉を取り入れて「結びつき及び同一化を基礎にした観察学習」と呼んでいる．西田利貞や中村美知夫は，最近チンパンジーの行動を地域間で比較して多くの変異があることをつきとめている．たとえば，対角毛づくろいは2頭のチンパンジーが向かい合って頭の上で手を組み，互いに相手の脇の下を毛づくろいする行動だが（図6・14），地域によって見られたり，見られなかったりする．しかも，子どもがこの行動を習得する過程で，母親が子どもの動作を修正するような行為が見られるという．教示行動は肉食動物や猛禽類などわずかな種にしか認められず，母子間にしか観察されていない．霊長類でもチンパンジーの母子間に数例報告があるだけである．チンパンジーではむしろアイデンティフィケーションによる学習が文

図6・14　チンパンジーの対角毛づくろい
　向き合って相互に同じ手をあげて脇の下を毛づくろう（中村美知夫撮影）

化を伝達する役割を担っているのかもしれない.

　人間の社会で文化の伝播に言語やシンボルが大きな役割を果たしていることは疑いがない.しかし,言語以前に人類は多くの文化を生み出していた.チンパンジーが使っている道具の多くは植物性なので,化石に残らないため,化石人類の物質文化の痕跡を追うことは難しい.人類の最古の道具使用はエチオピアで発見された250万年前の石器である.石と石とを打ち付けて鋭いエッジを作ったもので,オルドワン式石器と呼ばれる.石器が出土した場所の近くからアウストラロピテクス・ガルヒの化石が発掘されており,石器を用いて肉を切り取った動物の骨や,割って骨髄を取り出した骨の破片がいっしょに見つかっている.チンパンジーは肉食をするが,道具を用いて肉を取り外したり骨を割ったりはしない.しかも,オルドワン式石器をつくるには,左右の手を統合的に組み合わせて正確な操作をする必要があるし,目標に沿って作業する計画性が不可欠となる.こういった高い技術に対応する社会的知性を,この頃の人類はすでに備えていたはずで,チンパンジーとは明らかな差があると考えられる.このような能力がいったいどんな要因によって発達したのか.それを可能にした初期人類の社会性とコミュニケーションとは何なのか.類人猿の社会的知性とコミュニケーションをさらに詳しく分析し,石器の製作能力にいたる進化史を慎重に再現してみる必要があるだろう.

7　人類進化の謎に挑む

7.1　ヒトはどのように進化したか

　現代に生きる人間を他の霊長類と比べてみると，多くの目立った違いがある．直立して二足で歩く．体は一部を除いて裸である．頭髪が伸びる．唇がある．犬歯が突出していない．親指と他の指の対向性が強く，指先が器用である．極端な偏食から雑食まで多様な食性をもつ．言葉をしゃべる．踊ったり，歌ったりする．涙を流す．絵を描く，など枚挙に暇がない．なかには，ずっと以前から人間に備わっていただろうと思われる特徴もある．

　しかし，これらの特徴は一度に人間に現れたわけではない（図7.1）．それぞれ時期を違えて，当時の人類が直面した生存上の課題に答えるべく，互いに何らかの関連性をもちながら発達してきたのだろうと考えられる．それを推測するためには，化石証拠と現代に生きる人間以外の霊長類の生活を比較して見なければならない．

　現在知られている人類の最も古い化石は，チャドで発掘された700万年前のサヘラントロプス・チャデンシスである．頭骨の一部しか見つかっていないが，大後頭孔が四足歩行をする類人猿より前方についていることからすでに直立二足歩行を始めていたと推測されている．次に古いのはケニアで発掘された600万年前のオローリン・ツゲネンシスで，大腿骨の形から直立二足歩行をしていたと考えられる．エチオピアで見つかった580万年前のアルディピテクス・カダバには直立二足歩行に加えて犬歯の縮小傾向が見られる．

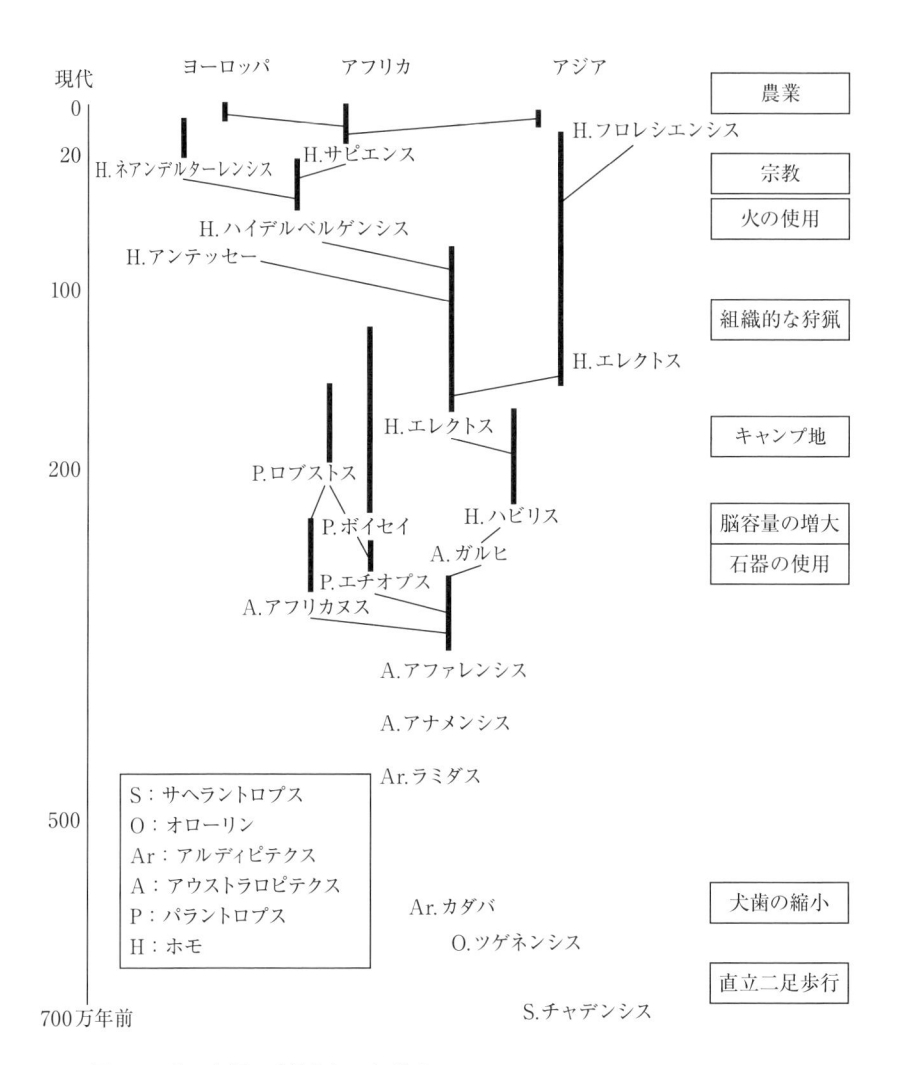

図 7·1 化石人類の系統的なつながり
　アフリカ，アジア，ヨーロッパに登場した人類とその特徴を年代ごとに示す．

これらの化石とさらに新しい時代の化石を見比べてみると，人類はまず直立して二足で歩き出し，犬歯が小さくなり，歯のエナメル質が厚くなっていったことがわかる．脳が類人猿より大きくなるのは240万年前のホモ・ハビリスからである．つまり，人類の祖先はチンパンジーとの共通祖先と分岐してからすぐ直立して歩き始め，類人猿並みの脳で400万年あまり生き抜いてきたことになる．その間に起こったのは，もっぱら歩行様式と食性に関わる形態の変化だった．

ではなぜ，現在の類人猿にはない変化が人類の祖先に起こったのだろう．それは，1500万〜600万年前にアフリカ大陸に起こった大規模な気候変動と地殻変動に深い関係がある．この間に幾度となく寒冷・乾燥した気候が襲来し（図7・2），東アフリカの類人猿の生息域は熱帯雨林から季節乾燥林，疎開林，草原を含む疎開林へとめまぐるしく変遷した．とくに，1000万年前と600万年前にはそれぞれ約100万年近く続く激しい寒冷期が到来し，後者の時期にはジブラルタル海峡が閉じて地中海が干上がるという事態が起こった．この頃，ヨーロッパに生息していた類人猿は絶滅し，アフリカでも多くの類人猿種が姿を消したと考えられている．また，1400万〜1000万

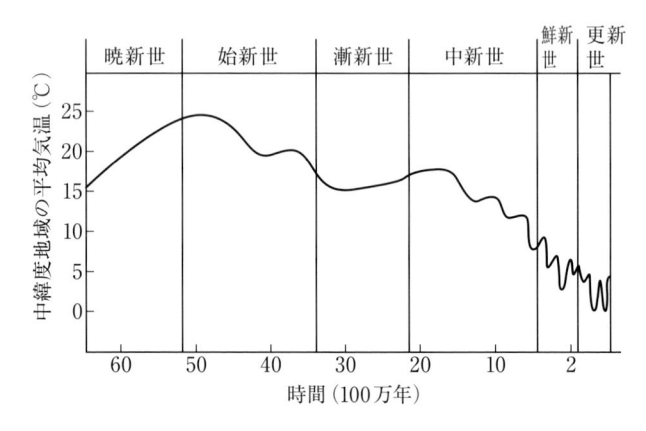

図7・2　霊長類の登場から現在までの気温変化[7-3]
　人類の祖先が登場した中新世の後期から気温が寒冷化し変動し始めた．

年前にはケニアから南方へ伸びる大地溝帯が形成された（図7・3）．この断層陥没帯は南北に走る大きな隆起をつくり，それが壁となって東西に大きな気候の違いをもたらすようになった．西から流れてくる湿った風をさえぎり，東アフリカに乾燥した疎開林や草原を作り出した．おそらく，そこへ人類の祖先だけが進出を果たしたのである．

　直立二足歩行という不思議な歩行様式がどうして進化したのかについて，昔からさまざまな仮説が出されてきた（図7・4）．19世紀には，人間が手を歩行から開放し，道具を作ったり使ったりするために二足で立ったと考えられた．これは，人類の祖先が初めから大きな脳をもっていたという説に基づいており，大きな脳と器用な手は同時に進化したと見なされた．そ

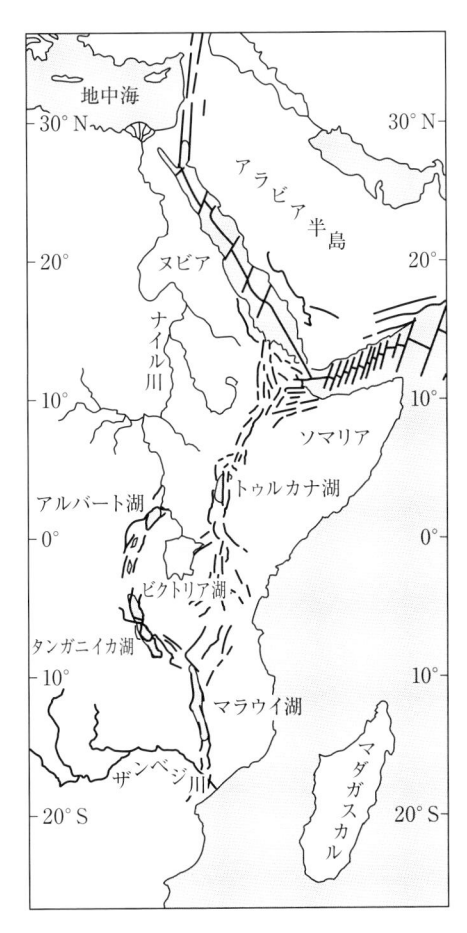

図7・3　アフリカ大地溝帯[7-4]
　南北6000キロメートルにわたり，ビクトリア湖をはさんで東西に分かれる．

して，大きな脳を支えるためには，人間が頭の上に荷物を乗せて歩くように，直立するほうが労力が少なくてすむと考えられたのである．しかし，化石証拠は直立二足歩行が脳の大型化よりずっと前に現れたことを明らかにした．そこで，草原で立つことが外敵を発見したり，樹上の食物をとるのに適して

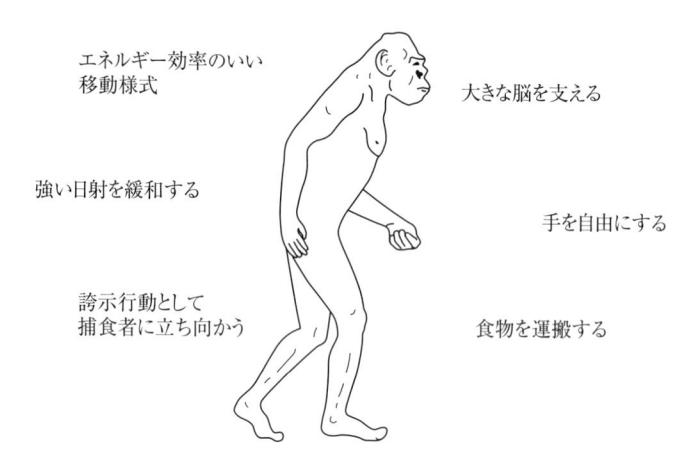

図7·4 直立二足歩行の起源仮説[7-3]

（図中ラベル）
- エネルギー効率のいい移動様式
- 強い日射を緩和する
- 誇示行動として捕食者に立ち向かう
- 大きな脳を支える
- 手を自由にする
- 食物を運搬する

いたという説が登場した．ところが，化石の出る地層を分析すると，人類の祖先が暮らしていた環境は草原ではなく樹木の多い疎開林か森林であったことがわかってきた．直立二足歩行が発達した理由は，大きな脳を乗せるためでも，器用な手を使うためでも，草原で生き延びるためでもなかったのである．

現在残っている仮説は，エネルギー効率説，日射緩和説，ディスプレイ説，食物運搬説である．一般の哺乳類の四足歩行に比べると，直立二足歩行は時速4 kmぐらいでゆっくり歩くと効率がよくなる．また，直立二足歩行は長い距離を歩くほどエネルギーの節約率がよくなる．つまり，初期人類は長い距離をゆっくり歩くような生態条件で直立二足歩行を発達させたと考えられるのだ．初期人類が暮らしていた環境は熱帯雨林ではなく，森林が小さな断片状に散らばり，その間には草原が広がるといった環境だったに違いない．一つの小さな森林だけでは必要な食物を得ることができず，いくつもの森林を渡り歩き，広い遊動域をもっていたと思われる．そんな暮らし方では，なるべくエネルギーを節約できるような歩き方が有利になったと考えられるのだ．

日射の強く当たる地上では，地表からの照り返しを受けて体は消耗する．直立することは，太陽光の当たる身体部分を最小限にし，地表の熱気も避けられるという利点をもっている．しかも，立てば風を受けて体を冷やすことができる．人間が体の大部分から毛を失ったことや体中に汗をかくことも，猛暑の環境で体を冷やすことに関係があったと思われる．ただ，初期の人類はすぐ木陰に逃げ込むことができるような環境にいたと思われるので，これらの適応は後に人類が草原の多い環境に進出してから起こったことかもしれない．

ディスプレイ説は，現生のアフリカ類人猿が誇示行動をする際に必ず二足で立つことから出てきた考えである．ゴリラは立ち上がって両手で胸を叩くし，チンパンジーは板根や幹を叩く．立ち上がれば地上では大きく見えるので，外敵に立ち向かうことができる．チンパンジーは石を投げることもある．複数のオスがいっせいに立ち上がって攻勢に出れば，ライオンやヒョウだって退却するかもしれない．実際，東アフリカや南アフリカのサバンナに暮らすマサイ，ブッシュマンなどの人々は貧弱な槍をもつだけでライオンに立ち向かうことがある．直立姿勢が外敵の防御に役立つという考えはそれほど荒唐無稽なものではなさそうだ．

犬歯の縮小は，直立二足歩行が登場してまもなく始まっている（図7・5）．霊長類の犬歯は肉食に使われるわけではなく，外敵に対する防御や仲間との争いに使われる．とくにオスが長く鋭い犬歯をもっていることは，オスの方にこうした闘いが多く起こり，メスが大きな犬歯をもつオスを好んだという性選択の歴史を物語るものだ．それが縮小したということは，初期の人類が闘いに犬歯を必要としなくなったことを示唆している．おそらく複数の男たちが一つの集団に共存し，互いに争いを抑えるようになり，別の方法で外敵を撃退できるようになったのだろう．それが何だったのかはまだよくわかっていない．石器が出ていないことから見て，まだ強力な武器は作れなかっただろう．複数の仲間，おそらく男たちが直立して手を使うような行動が，外敵を排除するのに効を奏したのだろう．少なくとも，それは今の類人猿には

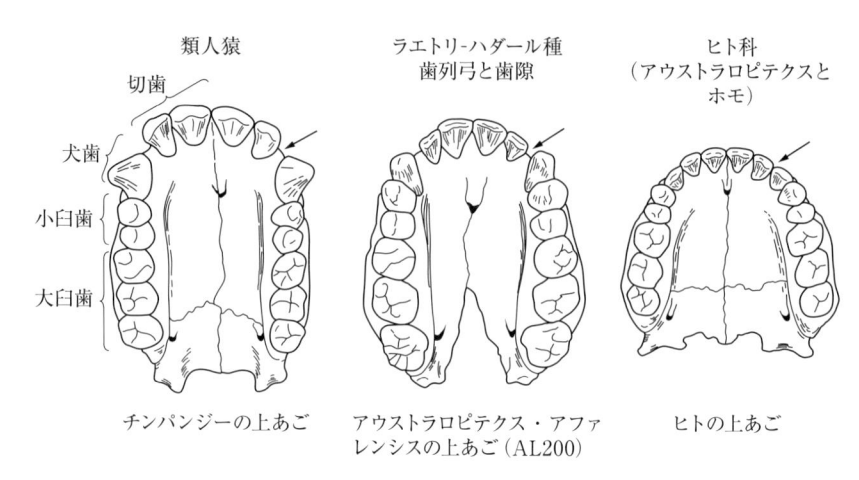

図7·5 チンパンジー，アウストラロピテクス・アファレンシス，現代人の上あごの歯列[7-3]
チンパンジーの犬歯は大きく，切歯との間にすきま（歯隙；矢印）がある．アウストラロピテクスはこれらが小さく，歯列がヒトのように曲線に近くなり，大臼歯が内側に入り込んでいる．

見られない行動だったに違いない．類人猿が森林を出て草原へ進出した証拠はないからである．

　直立二足歩行に社会的な意味を見出そうとしたのが，運搬説である．オーウェン・ラブジョイは，初期人類が不安定な食物供給と危険な外敵の多い環境に暮らしていたとするならば，出産間隔を縮めて多産になることが有利になったと考えた．たとえ子どもが頻繁に死亡しても，短期間で再生産が可能ならポピュレーションを維持できるからである．しかし，自立できない子どもをたくさん抱えたら母親の負担が大きくなる．まして，寒冷・乾燥の気候の下で断片化した森を渡り歩いて食物を探していた初期人類は，類人猿よりも長い距離を歩かねばならなかったはずだ．そこで，これらの母親と子どもに食物を運搬する男が登場する．ただし，男がどんな母子にでも食物を供給したわけではない．自分の子どもと確信できれば，食物をもってくる動機が高まっただろうというのだ．このため，男たちによる食物の運搬は，特定の雌雄の間の持続的な配偶関係を促進したとラブジョイは推測した．直立二足

歩行は手で食物を運ぶことを促進し，男と特定の母子の間のきずなを深めた．つまり，家族の形成を促したというわけである．

この説は1980年代の初期に出された当初，初期人類の体格に大きな性差があることを理由に強い批判を受けた．ラブジョイは初期人類に単婚の社会を想定していたから，雌雄の体格差はテナガザル程度に小さくなければならない．ところが，アウストラロピテクス類は現在のゴリラに匹敵するほど大きな性差（1.6倍）があるとされ，単雄複雌の社会だったであろうと考えられたからである．だが，最近ラブジョイはアウストラロピテクスの雌雄差を詳しく調べ，現代人並の性差だったことを指摘している．

運搬説にはまだ多くの批判がある．植物食だったに違いない初期人類に運搬できるような価値のある食物があっただろうか．手で食物を運んだとしても，運搬具をもたなかった初期人類が運べる量はたかがしれている．はたしてそれで母子が養えるのだろうか．人類が明らかに肉食を行った例は250万年前のアウストラロピテクス・ガルヒからである．それよりはるか以前に直立二足歩行は始まっているのだから，運搬説には肉以外の貴重な食物を想定しなければならない．根茎類はその有力な候補である．現代の狩猟採集民は熱帯雨林に暮らすピグミーも砂漠に暮らすブッシュマンも根茎類を主な食料としている．彼らは掘り棒で巧みに固い地面を掘る．初期人類が掘り棒を使って根茎類を掘り出していた可能性があるが，確たる証拠を得るのは難しい．これらの掘り棒は木製のために化石としては残らないからだ．ただ，わずかな食物でも，それを運搬して仲間に与えることによって人類に大きな社会性の変化をもたらしたことは予想できる．特定の雌雄の持続的なきずなに基づく家族の成立がラブジョイの想定した時代よりずっと後だったとしても，食物の運搬が類人猿にはない社会性を促進したことは確かであろう．現生の類人猿は食物の分配をすることがあっても，決して食物を運搬しないからである．

7·2　食物共有仮説

　初期人類がどんな食物を食べていたか，化石証拠から明らかにすることは難しい．類人猿に比べて犬歯や切歯が小さくなったことは，食物を効果的にすりつぶしやすい形に変わったことを示している．歯のエナメル質が厚くなったことはより硬い食物を噛み砕けるようになったと考えられる．現生の類人猿で人類と同じようにエナメル質が厚いのはオランウータンで，ゴリラやチンパンジーに比べて硬い種子を噛み砕くことが知られている．歯の磨耗の特徴からは初期人類が類人猿と同じような果実食だったことが示唆されるので，おそらく硬い種子や根茎類を食べていたのだろうと推測されている．

　200数十万年前に，アウストラロピテクス・アファレンシスは二つの系統に分かれたと考えられている（図7·6）．一つはパラントロプス属で，東アフリカから南アフリカまでエチオプス，ボイセイ，ロブストスという種が相次いで登場する．これを頑丈型と呼ぶ．その名前の由来は頑丈な頭部と咀嚼器で，大きな顎骨に比べて小さな切歯と犬歯をもっていた．エナメル質の厚い臼歯で根や樹皮などをかじっていたと思われる．もう一つはアウストラロピテクス属でホモ属へつながると見られる系統である．彼らは体も歯も小さく，華奢型と呼ばれる．果実中心の雑食で，ときおり肉食をしていたらしい．頑丈型は140万年前まで生き延びた．硬い植物性の食物に依存する生活形がある時代まで適応的であったことが示唆される．頑丈型が消滅した理由は定かではない．環境の急激な悪化によって食物が不足したか，肉食獣によって捕食されたことが原因だったかもしれない．

　ホモ属へつながる種アウストラロピテクス・ガルヒはエチオピアの言葉で「驚き」を意味するが，それはこの化石のそばから道具の作用痕が残る動物の骨が見つかったからである．カモシカの仲間の骨で，顎の骨には石器を用いて肉を切り取った痕が，すねの骨には割って骨髄を食べた痕が残っていた．残念ながら石器は出土していないが，これらはガルヒが石器を用いていた証拠と見なされている．

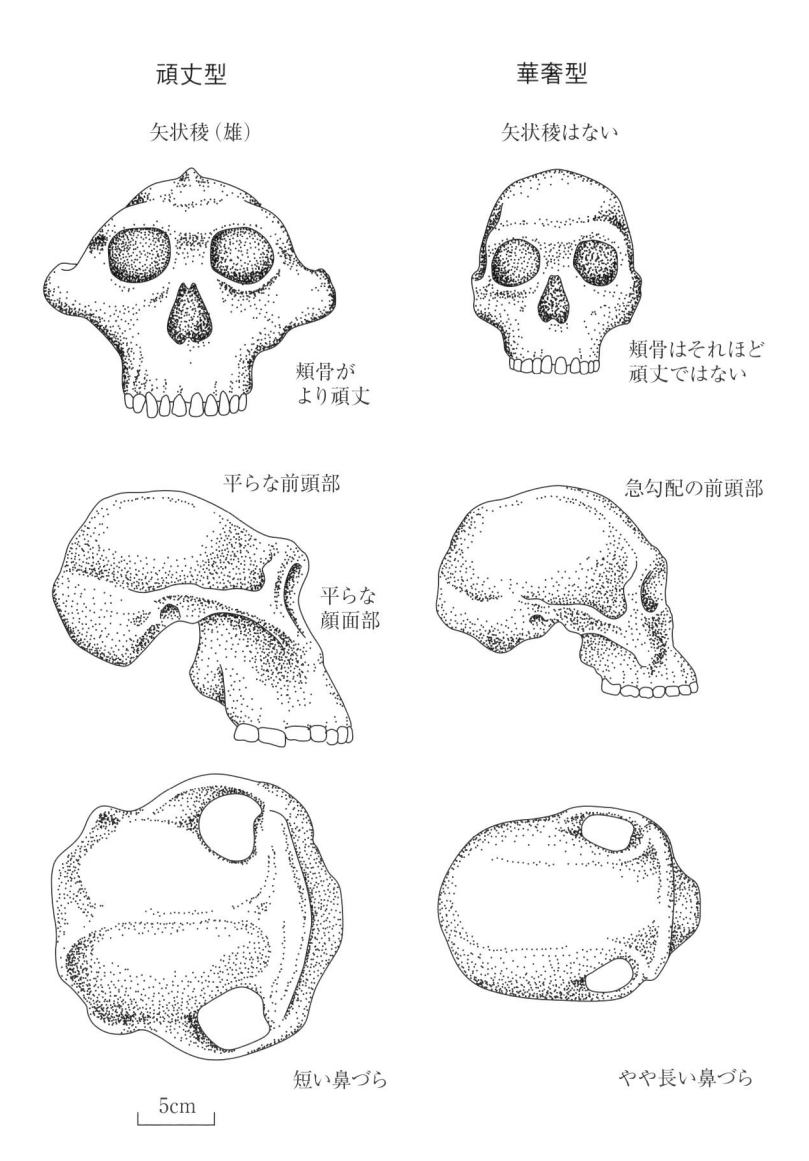

図7・6 頑丈型（パラントロプス属）と華奢型（アウストラロピテクス属）の頭骨の違い[7-3]
　頑丈型のほうが硬い食物を噛む力が発達していたので，顎や大臼歯が大きく，頭頂部に大きな咀嚼筋を付ける矢状稜が発達している．

問題は，ガルヒの脳容量が450 ccしかなかったということである．現代人と同じ属のホモに分類するには脳の大きさが決め手になる．1960年代までホモ属に分類できる脳容量の最低値は700 ccだった．610 ccのホモ・ハビリスの発見は，その基準を100 cc引き下げることになった．その決め手となったのは，手の指が器用で石器製作をしていたと判断されたことだった．ガルヒの発見は，石器の製作が類人猿と同じ脳容量で可能だったことを示していたのである．しかし，脳容量が小さいという理由で，ガルヒはホモ属には分類されていない．

ガルヒが用いた石器はオルドワン式石器と呼ばれ，石と石とを打ち付けて鋭いエッジを作ったものだ．動物の死体から肉や骨髄を外すために用いたと思われる．狩猟をしたのではなく，肉食動物が食べ残した肉から一部を取り去ったのだろうと考えられている．石器の使用はすばやい肉の除去を可能にし，さらには他の死肉食動物には食べられない骨髄の利用をもたらした．脂肪分に富む骨髄は，強力な歯と顎をもつハイエナでもかみ割ることができない硬い骨に包まれている．石器はそれを難なく割り，取り出すために役立ったと思われるのだ．

重要なことは，石器の使用と肉食が認められるガルヒから，わずか10万年後に脳容量が600 ccを超えるホモ・ハビリスが登場していることだ．脳は多大なエネルギーを消費する器官である．現代人の脳は全体重の2％しかないのに全消費エネルギーの20％が使われている．初期人類にとって脳を大きくするためには，栄養条件とエネルギー消費システムの大幅な改善が必要となったはずである．その第一歩が肉食の導入だったと考えられるのだ．現生のチンパンジーも，リス，ムササビ，サル，ダイカー，イノシシの子どもなどを狩猟する．だから，アウストラロピテクスも小型の哺乳類を狩っていたと見なしても無理はない．しかし，オルドワン式石器で現代の狩猟採集民のような大掛かりな狩猟を行っていたとは考えにくい．また，直立二足歩行によってチンパンジーたちのような敏捷性を失ったと考えられるので，むしろ狩猟能力は低下した可能性がある．おそらく死肉あさりの方が肉を得

る手段としては主であったと思われる．さらに，ホモ・ハビリスからホモ・エレクトスへと胃腸が小さくなり，消化に関わる能力の節約が起こったと考えられている．胴体の形が釣り鐘形から円筒形に変化していくからだ．その結果，胃腸で用いられていたエネルギーを脳へ回せるようになった．現代人の胃腸で使われているエネルギーは体重あたり他の霊長類の60％程度であるという報告がある．

　ホモ・ハビリスやホモ・エレクトスは，死肉あさりや狩猟で得た肉をどうやって食べていたのだろう．植物性の食物と違って，肉はハイエナやハゲワシなど他の死肉あさり動物たちを引き付ける．肉食動物たちが放置した獲物をその現場で食べ続けることは不可能だ．おそらく，肉や骨髄の残る骨を安全な場所へ持ち帰って，仲間といっしょに食べたに違いない．タンザニアのオルドヴァイには，200万年前に初期人類が小屋を作っていた跡が発見されている．石を並べて枝を組み，雨を防ぐシェルターを作っていたと推測され，食べたと思われる動物の骨が散乱していた．グレン・アイザックはこれらの遺跡から，ホモ・ハビリスがホーム・ベースをもっていたとする仮説を提唱した．ホモ・ハビリスたちは男女の分業からなる生計活動を営んでおり，男たちが肉をホーム・ベースへ運んで仲間たちで分配し共食をしていたというのである．この仮説は，緊密な協力関係，互酬性，シンボルを用いたコミュニケーションなど，それまでの人類にはなかった特徴の登場を予見している．

　しかし，その後この仮説は遺跡に残された石器や獣骨の分析から多くの批判を浴びることになった．これらの遺物が川の流れによって堆積したり，肉食獣が食べた骨が堆積した場所と初期人類が石器を製作した場所が一致したに過ぎない可能性があるというのである．さまざまな検討の結果，たしかに人類が石器を用いて骨から肉を外した形跡はあるが，ホーム・ベースとして用いてはいなかったという結論に達した．現代の狩猟採集民はホーム・ベースを数週間使用した後に放棄して別の場所に移る．ところが，オルドヴァイの遺跡は5年から10年もの間使用され続け，その間に肉食獣が頻繁に訪れていた跡が明白だからである．おそらく，これらの遺跡は石器を製作するた

めの石の貯蔵場所であり，そこへ動物の死体を運び込んで，肉を処理し食べたのだろうと考えられる．アイザックが想定したような生計活動における分業や食物の分配は，まだ完成されてはいなかったのである．

　それにしても，初期人類はどうやって樹木のまばらな草原で安全に暮らすことができたのだろう．現生の類人猿が熱帯雨林から遠くはなれて暮らせないのは，地上に安全な寝場所を確保できないからである．アジアの類人猿テナガザルとオランウータンはほぼ完全な樹上生活者であるし，アフリカの類人猿チンパンジーやボノボも地上を移動するとはいえ，寝るときは必ず樹上にベッドを作って眠る（図7・7）．唯一ゴリラだけが地上にベッドを作って眠ることがあるが，それも強大なオスがいるときに限られている．コンゴ民主共和国のカフジでは，オスを失ったゴリラの群れがいっせいに樹上にベッドを作り始め，27か月後に新しいオスが加入してからやっと地上にベッドを作るようになったことが報告されている．アウストラロピテクスやホモ・

図7・7　チンパンジーとゴリラのベッド
　チンパンジーは樹上に，ゴリラはよく地上に作る．

ハビリスが暮らしていた環境は，現在ゴリラが生息している熱帯雨林よりずっと樹木が少なかった．しかもゴリラよりはるかに小さな体のホモ・ハビリスやホモ・エレクトスがどうやって生き延びられたのか，大きな謎である．

謎を解くヒントは，類人猿よりも，草原で暮らす霊長類にあるかもしれない（図7·8）．現在，樹木の少ない草原で暮らしているのは，パタスモンキーとヒヒ類（図7·9）である．パタスモンキーは高速で疾走できる長い四肢をもっているから，ちょっと初期人類にはあてはめにくい．ヒヒ類は昔からサバンナへ進出した人類のモデルとなってきた．とくに，捕食圧が霊長類の社会構造や社会関係に大きな影響をもたらすという社会生態学の考えが普及してからは，大きな集団サイズや複雄群は捕食圧に対抗する戦略として理解されるようになった．ヒヒ類の中で，捕食圧が高く，最も樹木の少ない草原で

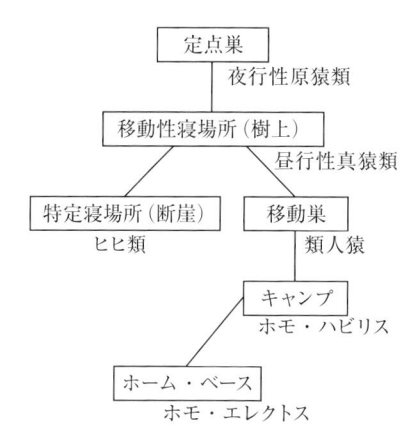

図7·8 霊長類の眠り方
夜行性の原猿類は行動域の中の決まった場所に営巣する．昼行性の真猿類の多くは巣を作らずに樹上で寝るが，樹のない地域に住むヒヒは決まった場所に，類人猿は毎晩違った場所に巣を作るようになった．人類の祖先は決まった場所に寝るようになりキャンプからホーム・ベースへと発展したと考えられる．

図7·9 開けた草原で暮らすサバンナヒヒ

暮らしているマントヒヒとゲラダヒヒはどちらも，単雄複雌群がいくつも集まって眠る寝場所をもっている．日中の採食でも複数の群れが離合集散を繰り返す．こうした特徴が初期の人類に生まれたと考えることもできるだろう．つまり，男女からなる小集団がいくつか集まって大きな群れを作り，男たちが連携して捕食者から群れを防衛する．そして，捕食者が近づきにくい断崖や岩山に寝場所を構え，複数の群れはいっしょになって眠ったのである．

マントヒヒやゲラダヒヒとホモ・ハビリスが異なるのは，肉食の度合いと石器製作である．肉は高栄養の魅力的な食物で，葉や果実の 4～20 倍のカロリーがある．少ない量でも十分な栄養を供給する．また石器製作は，ある目標の形と役割を頭に描き，それに沿って作業する計画性が人類にあったことを示している．食物を採集する方法にも，人間関係を操作する方法にも同じような計画性が芽生えていたとすれば，遊動の仕方や社会関係も計画的な組み立て方が現れたと考えられる．少なくとも食物を採集する場所と食べる場所を分け，類人猿よりも高度な分配にもとづく共存が可能だったのではないだろうか．

ホモ・エレクトスは，登場してまもなくアフリカ大陸を出て，アジアとヨーロッパを結ぶ回廊に到達する（図 7・10）．グルジア共和国のドマニシから 180 万年前のエレクトスの化石が発掘されているからである．驚いたことに，これらの化石の脳容量は 650～800 cc と小さく，最小のものでは 600 cc しかなかった．これはホモ・ハビリス並である．なぜこんな小さな脳で過酷なアフリカの草原を超え，さらに寒く乾燥した地域へと足を延ばすことができたのだろうか．それはおそらく，肉食と社会組織の力だったと思われる．ドマニシからは石器を使って解体した動物の骨が多数見つかっており，エレクトスたちによって常習的な肉食が行われていたことを物語っている．植食動物に比べて肉食動物の分布域は広い．気候によって分布を限定される植物に対応した分布域をもつ植食動物に対して，肉食動物は獲物さえ見つかれば分布を拡大できるからだ．肉を主要な食物メニューに取り込んだエレクトスにとって，果実や根茎類だけに頼らずにドマニシへ到達するのは，あまり高

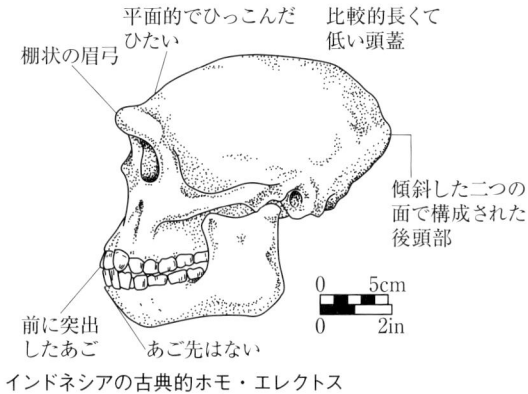

[図: インドネシアの古典的ホモ・エレクトス（サンギラン）頭骨]
ラベル：平面的でひっこんだひたい／比較的長くて低い頭蓋／棚状の眉弓／傾斜した二つの面で構成された後頭部／前に突出したあご／あご先はない

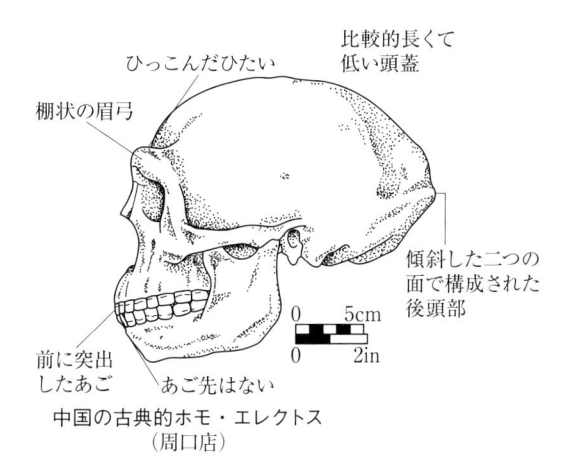

[図: 中国の古典的ホモ・エレクトス（周口店）頭骨]
ラベル：ひっこんだひたい／比較的長くて低い頭蓋／棚状の眉弓／傾斜した二つの面で構成された後頭部／前に突出したあご／あご先はない

図7・10　インドネシアと中国から発掘されたホモ・エレクトスの頭骨 [7-2]

い知性を要することではなかったに違いない．

　さらに，ドマニシにはエレクトスの社会性を示唆する化石が発見されている．推定40歳の頭骨で，上顎の歯がすべて抜け落ちていた．抜けた跡には骨が再生した跡が見られることから，歯を失ってから少なくとも数年は生きていたことになる．歯がなければ硬い種子や根茎類は食べられないので，骨髄などの柔らかい食物を仲間から分けてもらって暮らしていたと考えられている．このことは，人類の脳が大きくなる前に，障害を背負った仲間に食物

を与えるような行動が生まれたことを示唆している．もしそうであれば，エレクトス段階のごく初期に食物の分配を前提としたような共同生活が始まっていたのかもしれない．そのきっかけは脳の拡大による知性の発達ではなく，直立二足歩行による遊動域の拡大と肉食への依存という生態学的な特徴の改変にあったのである．

7・3　文化のビッグバンと感情の進化

　人類の進化史には，ある特徴が登場してからその真価を発揮するまで長い停滞期がある．直立二足歩行を始めて両手が歩行から解放され，手を使って石器を製作するまでに400万年の歳月が流れている．石器の登場は脳容量の増大とほぼ同期しているが，それから脳容量はしだいに増加していくのに，石器の作り方に目立った変化は現れなかった．オルドワン式石器は約80万年もの間，その様式を変えなかった．170万年前に登場した石器はハンドアックスと呼ばれる（図7・11）．大きな丸石を叩いて剥片を作り，その剥片の両面をていねいに叩いて菱形に加工し，左右対称形にしたものである．このハンドアックスも25万年前まで様式の変化は見られなかった．また，脳容量は60万年前に現代人並の大きさに達している．ところが，5万年前まで目立った狩猟技術の改変や，装身具，壁画，シンボルなど文化的な生活の証拠は現れていない．

　言語はその中で最も大きな謎の一つである．言語をしゃべるためにはまず音声を発する装置を改変させる必要がある．それは直立二足歩行によってもたらされた．直立することによって気管の入り口

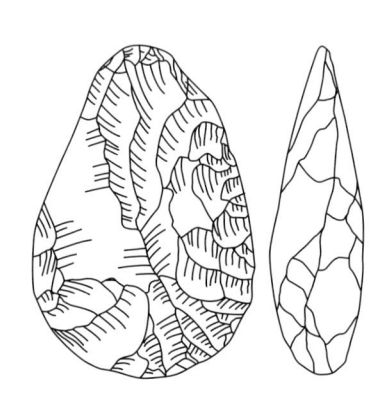

図7・11　ハンドアックス[7-2]
　　後期アシュール文化，英国南部から出土

にある喉頭が下がり，広い空間ができて多様な振動数をもつ声が生成されるようになった．また，類人猿のように大きな犬歯によって噛み合わされていた口蓋が，犬歯の縮小によって動きの自由度を増したことも発声を助けている．さらには，言語能力を司る神経系が発達し，脳の左半球にあるブローカ領域とウェルニッケ領域が大きくなった．この徴候は頭骨の化石から脳の鋳型を作る方法によって確かめられ，ホモ・エレクトスでブローカ領域が，ホモ・ネアンデルターレンシスで両方の領域がすでに発達していたと考えられている．しかし，現在までの知見ではネアンデルタール人が自由に言語を操っていたとは考えにくく，現代人が登場してから言語が話されるようになったと見なされている．言語を話すための装置や脳はすでに完成しているのに，実際に話されるようになるまでなぜこれほど長い空白期があったのだろうか．

レスリー・アイエロは，大きな脳が早期に完成されたのは直立二足歩行が完成したためであると主張した．現代人的な体のプロポーションはホモ・エレクトスの段階で整えられた．ケニアのトゥルカナ湖畔で見つかった160万年前の化石は，9歳と推定される少年で，全身骨格の約70%にあたる骨がそろっていた．幅の狭い骨盤とすらりとした長い足をもち，長距離を効率よく歩いたり走ったりするのに適した体つきをしていた．成熟したら身長185 cm，脳容量は900 ccに達すると考えられた．この頃から脳の大きさは急速に増大する．直立二足歩行をするには，脚の動きを腕や胴体の動きと統合して動的なバランスをとる必要がある．さらに上半身の動きを脚の動きと独立させて，物を投げたり，運搬したりという動作を作ることができる．こういった複雑で高度な感覚運動を行うために，より複雑な神経システムと大きな脳が必要になった．つまり，脳容量の増大は直立二足歩行によって生じた新しい感覚運動制御のためであり，言語や知性の発達はその副産物に過ぎなかったというわけだ．

人類の祖先は，約60万年前にアフリカからヨーロッパへと進出し，ホモ・ハイデルベルゲンシス，25万年前にホモ・ネアンデルターレンシスとして発展した．ハイデルベルゲンシスはほぼ現代人に匹敵する大きさの脳をもち，

ネアンデルタール人はさらに大きな脳をもっていた（図7・12）．石器も洗練されたものに変化し，槍が使われるようになって狩猟技術も進歩した．集団で大きな獲物を狩り，それを洞窟に運び込んで解体した跡が残っている．明らかに分業に基づく食料の分配や共同の食事が行われていたと考えられる．炉を作って火を使用した跡や衣服を作った証拠も見つかっている．しかし，ネアンデルタール人は土器を作らなかったし，動物の骨を道具として使用することはなかった．食器も知られていないし，装身具で身体を飾ることもなかったようだ．これらの現代人につながる文化のきざしが見えるのは，5万

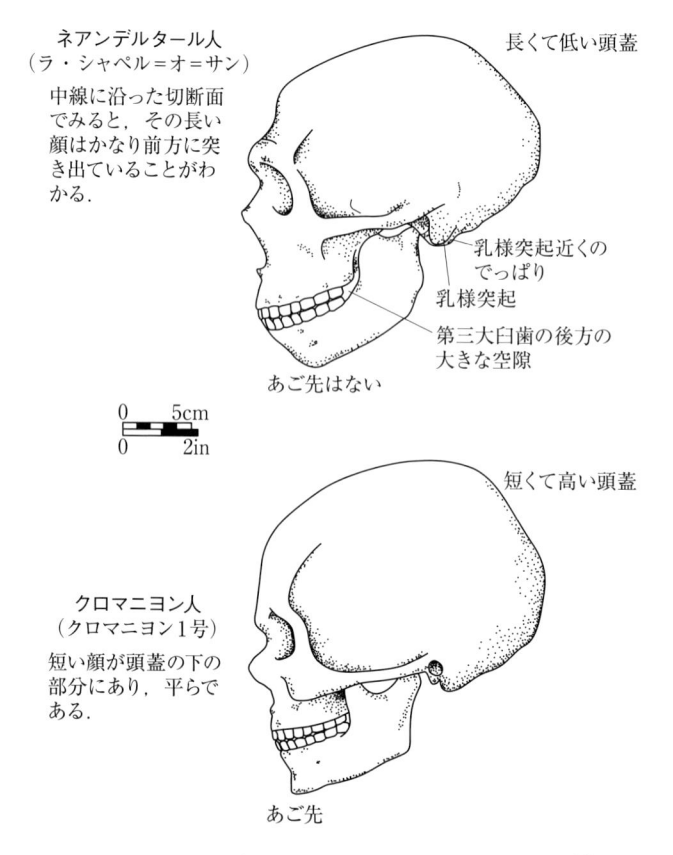

図7・12　ネアンデルタール人とクロマニヨン人の頭骨 [7-2)]

7・3 文化のビッグバンと感情の進化

年前頃からヨーロッパに登場した数々の遺跡である．しかもそれはきわめて短期間に多様な形をして現れた．そのことから，これは文化のビッグバンと呼ばれる．

ホモ・サピエンスは約20万年前にアフリカに登場し，約4万年前にヨーロッパに姿を現した．脚の長いすらりとした8頭身の体型で，明らかに南方起源であることを物語っている（図7・13）．一方，ネアンデルタール人は手足や首が短く，ビヤ樽のような胴体をしていて，明らかに寒冷な気候に適応した特徴をもっていた．つい最近まで，現代人的な文化の証拠はアフリカでは見つかっていなかったため，サピエンスがヨーロッパへ移住してから文化が爆発的に創造されたと考えられていた．しかし，コンゴ民主共和国のセムリキ川のほとりで9万年前の骨製の尖頭器や，南アフリカのブロンボス洞窟で7

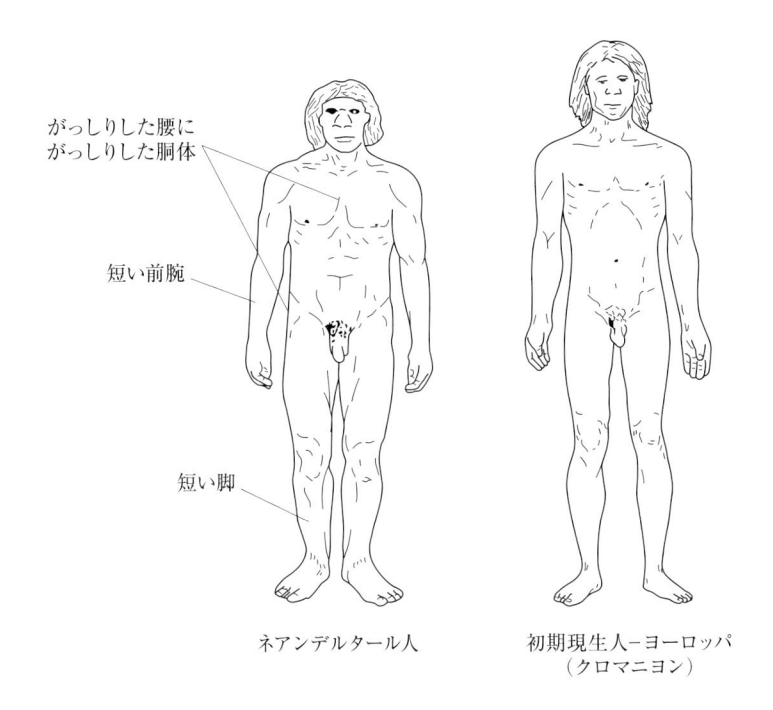

図7・13 ネアンデルタール人とクロマニヨン人の体格[7-2]

万5000年前の貝製のビーズが見つかり，サピエンスがすでにアフリカで多様な文化の兆しを示していたことが指摘されるようになった．ブロンボス洞窟では赤色オーカー（鉄の酸化物を含む土）が顔料として使われた可能性があり，石器を用いてオーカーの塊に格子模様を刻んだ跡がある．これらの証拠はサピエンスがこの時代に装飾品を作ったり，シンボルを用いて抽象的な思考をしていたことを物語っている．

　これらの証拠によって，ヨーロッパで文化のビッグバンはなかったという説がしだいに勢いを増しつつある．アフリカで現代人的な文化が芽吹き，それがヨーロッパへの移住に伴ってしだいに花開いていったと見なす考えである．ただ，これだけ短期間に多くの文化的遺物が生産されたのは，何かこれまでにはない改変があったとしか考えようがない．スティーヴン・マイスンは，それまで人類の心に独立に発達した博物的知能，技術的知能，社会的知能に対応する3種類のモジュールが，言語によって連結されて認知的流動性が生じたことが創造的爆発を引き起こしたと考えた．モジュールとは脳にある情報処理装置のことで，それぞれの問題解決のために迅速に対応するようになっている．

　博物的知能とは，遊動域に分散している食物の場所や性質に関する記憶で，捕食者やその防衛策に関する知識も含まれる．要は良質な食物をいかに効率よく安全に採食できるかを導き出す能力である．技術的知能とは，果実，種子，アリなど固い基盤や殻の中に保護されている食物を安全に取り出す技術である．棘や針で防御された食物や手でつかめない食物を道具を用いて食べる能力もこれに含まれるだろう．社会的知能は，仲間とうまく付き合う能力で互いの優劣を認知したり，けんかの後に仲直りをしたり，他者のけんかを仲裁したりして，自分と他者との社会関係を調整する能力である．仲間の行動やしぐさから社会的状況や相手の考えていることを読む能力もこれに入るだろう．マイスンはこれらの知能がそれぞれ独立に進化し，5万年前まで互いに関連し合うことはなかったと考えたのだ．

　たしかに，人類の祖先や類人猿は果実や種子が固い殻に包まれているのを

知っているが，その殻を皿や器として用いることはしなかった．フック状になった棘に引っかかることはあっても，それを用いて食物を採ることは思いつかなかった．仲間を優劣によって順番付けするが，食物を量や質によって順番付けしてはいない．他者の思考を読む力はあるのに，道具使用を学習するのに他者の思考を読んで動作を模倣することはできない．個々の知能はすぐれているのに，いかにも融通が利かないように見えるのである．

三つの知能のうち，社会的知能は類人猿の段階ですでに高度に発達していたと考えられている．まず，ニホンザルやヒヒなどオナガザル科のサルでも自分と他者，他者と他者との関係をよく知っている．ニホンザルやアカゲザルは自分が直線的優劣順位のどこに位置しているかを知っていて，優位なサルに攻撃されると自分より劣位なサルに攻撃を向けてかわす．血縁関係にある仲間が別の血縁に属するサルから攻撃されると，仲間を助けたり，後で仕返しをしたりする．ヴェルヴェットモンキーでは音声のプレイバック実験を行った結果，子どもの悲鳴を聞かせると，サルたちはみなその子どもの母親の方を見ることがわかっている．群れのメンバーはそれぞれの個体の声を識別でき，血縁者でなくても子どもの母親が誰であるかを認知しているのである．これらのサルたちは仲間どうしの優劣関係や血縁関係を熟知し，それに基づいて行動していることがわかる．

さらに，サルや類人猿は自分の存在や行動が他者たちの社会関係にどんな影響を与えるかを知っている．キイロヒヒのオスたちは，自分だけでは勝てない優位なオスをメスから引き離すために連合を組むことがある．この際，各個体の相対的能力を評価して連合相手を選ぶことがわかっている．チンパンジーのオスは自分の社会的地位を保つために，自分よりずっと順位の低いオスと連合を組むことがある．連合相手は自分がキャスティング・ボードを握っていることを知っていて，ふだんより頻繁にメスと交尾し，多くの肉を分配されるようになる．優位なオスどうしのけんかをチンパンジーやゴリラのメスや子どもが仲裁することがあるが，これも介入によってけんかが止むことを予測していると考えられる．

では，サルや類人猿は他者の心の状態を読むことができるのだろうか．この認識能力をプレマックは「心の理論」と呼び，チンパンジーにビデオを見せて，解決策を見出そうとしている人の心の状態を推測する能力があることを示唆した．これを野生の霊長類で確かめる方法は，他者を教えたりだましたりする行動がどれだけ一般的かを調べることである．なぜなら，教えたりだましたりするためには自分と他者との間に知識の差があることを知っていなければならないからである．教示行動は肉食動物や猛禽類には広く見られる．子どもたちが狩りに習熟するためには，親たちが手助けをすることが不可欠だからだ．しかし，霊長類では教示行動の例はきわめて少ない．ニホンザルやアカゲザルの子どもたちが危険を察知できる状況とできない状況で，母親が警戒音の頻度を変えるかどうかを調べた実験では，変えるという結果は得られなかった．これらのサルたちは子どもたちの知識の不足を理解し，それを補おうとして行動してはいないことになる．野生で知られている霊長類の教示行動はわずかな例しかない．コートジボワールのタイ森林で，チンパンジーの母親が子どもにナッツの割り方を教えるのに，わざとゆっくり石を振り下ろしたり，割るのに適当な石を置いていったという報告である．基本的に人間以外の霊長類は自分の子どもにすら教えるという行為をしないと考えていいだろう．

　一方，他者をだます行為は比較的多様である（図7・14）．ホワイテンとバーンは世界の霊長類研究者に呼びかけて，霊長類のだましの例を収集した．その結果，117例のだまし行為を認めることができた．たとえば，あるとき地面から球茎を引き抜いて食べているチャクマヒヒのメスのそばに，子どものヒヒがやってきた．子どもにはまだ球茎を引き抜く力はないし，そのメスをどかすこともできない．しばらくあたりを見回すと，子どもは突然大声で悲鳴をあげはじめた．すると近くにいた母親がとんできてメスを追い払い，子どもは難なくその球茎をせしめることができた．子どもは，メスにいじめられたふりをして，母親にメスを追い払うよう仕向けたというわけである．

　しかし，このヒヒのだましは相手の心の状態を知っていなくても可能であ

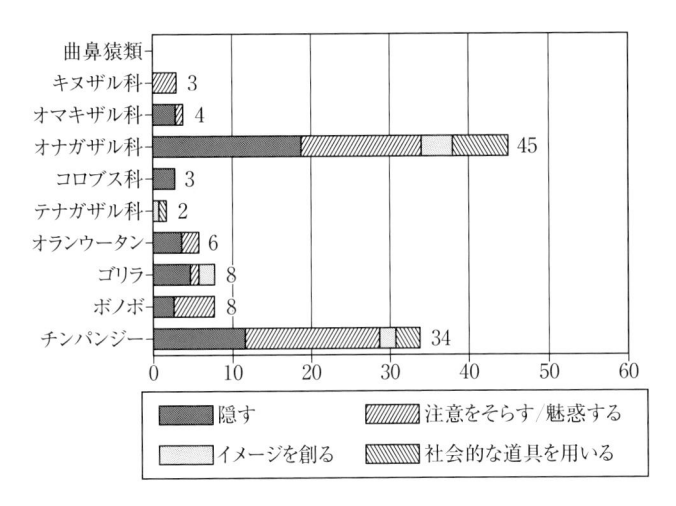

7.3 文化のビッグバンと感情の進化

図7·14 戦術的なだましの種類[7·1]
曲鼻猿類（メガネザルを除く原猿類）には全くだましの例はなく，オナガザル科（とくにヒヒ類）とチンパンジーに集中して見られる．

る．自分の悲鳴に対する母親の反応と，母親と他のメスとの優劣関係さえ知っていれば，それを利用してこの行動を起こすことができると思われるからである．ダニエル・デネットによると，個体の示す行動はその意図によっていくつかの志向性のレベルに分けられる．意図せずに結果的に相手をだましている擬態や擬傷の例はレベル0である．他者を操作して自分の目的を達する意図をもっている場合はレベル1で，チャクマヒヒの例がこれに当てはまる．心の理論はレベル2で，他者の意図を理解した上で，相手に誤ったことを信じさせようとする意図をもつだましでなければならない．たとえば，あるマントヒヒのメスが群れ外のオスの毛づくろいを始めた．この現場を近くにいるリーダーのオスに見つかったら攻撃されることは必至である．しかし，リーダーオスにメスの体の一部は見えるが，群れ外オスとメスの腕は見えない．これは，「リーダーオスが自分のしていることは見えない」，すなわち「自分が群れ外オスと仲良くしていることを知らない」とメスが理解していたことを示唆している．これはレベル2に近づいている例と言える．しかし，レベ

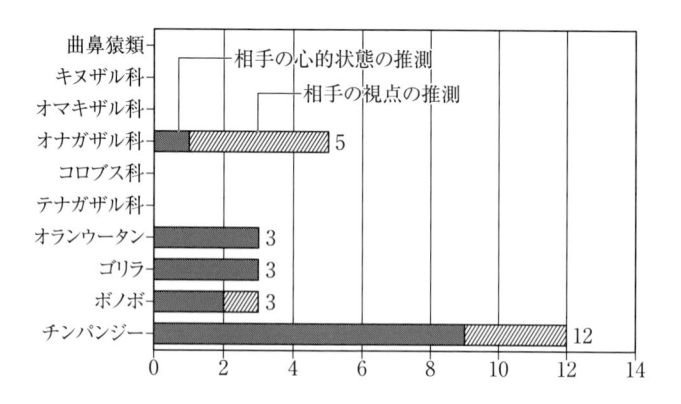

```
曲鼻猿類      ┬─ 相手の心的状態の推測
キヌザル科    │  ┬─ 相手の視点の推測
オマキザル科  │  │
オナガザル科  ■▓▓▓▓ 5
コロブス科
テナガザル科
オランウータン ■■▓ 3
ゴリラ        ■■▓ 3
ボノボ        ■■▓ 3
チンパンジー  ■■■■■■■■■▓▓▓ 12
              0  2  4  6  8  10 12 14
```

図7・15 だます際に他個体をどう見ているか[7-1]
心の状態を推測するのはほとんど類人猿に限られる.

ル2の観察事例はオナガザル科には1例しかなく，類人猿に集中していた（図7・15）．そこで，ホワイテンとバーンは心の理論はほぼ類人猿にしか認められないという結論に達した．

　他者を欺くことは，競合的な社会状況では他者を出し抜いて自分の利益を高める結果につながる．そのため，こういった能力を「マキャベリ的知性」と呼び，社会環境が複雑化するにしたがって高度になってきたと見なされている．人間はレベル3以上の志向性をもっている．「AはBがCの意図を知っていると考えて行動する」といったことが可能だからだ．しかも志向性のレベルはいくらでも上げることができる．私たちが小説を読んだり映画を見たりして一喜一憂するのはその能力のおかげである．実際，人間以外の霊長類で群れサイズが大きい種ほど，脳の新皮質が占める割合が高くなることが知られている．ロビン・ダンバーは，人間の言語の原型が霊長類の毛づくろいのような機能をもった社会言語であり，より多くの仲間と親和的な関係を保つために貢献したと考えた．霊長類の毛づくろいは一度にたかだか1頭の相手としか交渉できない．これに比べて，音声言語は一度に複数の相手と親和的な関係を確認できる．同時に何人もの相手と挨拶できるし，会話できるの

だ．言語の発明によって，霊長類では平均50頭の群れサイズが，人間ではその3倍の150人に増加したというのである．その結果，群れ内の仲間の組み合わせ総数は幾何級数的に増加し，他者の心や状況を理解する能力も飛躍的に向上した．社会的知性の発達が他の知能の発達に先行したと考えられるのである．

だが，社会的知性はマキャベリ的知性だけではない．類人猿にも人間にも困難な状況に置かれた他者に共感し，協力してそれを打開しようとする心の動きが見られる．長い間，感情は理性に対立するものと見なされてきたが，最近は合理的思考に不可欠なものとして再認識されるようになった．喜怒哀楽という人間の基本的な感情は類人猿と共通しており，認知や生理機能と深く結びついて心身を制御しながら進化してきたと考えられる．社会生活を送る上でも，心の理論だけでなく，他者の感情を推し測りながら行動するほうが適切に振舞えるという意見もある．

言語の原型については二つの仮説がある．一つは言語が単語とわずかな文法からなる構成的なものだったとする説で，もう一つはメッセージからなる全体的な発話だったとする説である．後者の説は，言語以前に音楽的な思考や行動様式があったのではないかという推測に基づいている．類人猿のコミュニケーションは意図的であるが，人間の音声言語のように指示的ではなく，操作的，類像的，全体的，音楽的と言われる．複数の身振りが組み合わさってメッセージとなることはない．マイスンは，思考が言葉によって表現されるのに対し，感情が音楽によって喚起される点に注目した．楽音に指示的な意味はなく，文化間で翻訳する必要もない．おそらく人類は，言語を発明する以前に身振り，表情，発声によって音楽的なコミュニケーションを行っており，それは他者と感情を共有するために発達したのではないかと考えたのである．

直立二足歩行は，喉頭を下げて発声機能を拡大したと同時に，メロディックな音を出せるように声帯を変化させた．同時に自由になった手や腕で音楽的な表現ができるようになり，他者と共鳴しながら身体で音楽を感じられる

ようになった．現代人はみな絶対音感をもって生まれてくる．しかし，言葉が話せるようになるとこの能力は消え，多くの人は相対音感になる．なぜなら，話し手の音の高低によって意味内容が変わってしまっては会話が成り立たないからだ．どんな高さの音で話しても同じ単語を認識できるように，成長に沿って変わるようにプログラムされているのである．おそらくネアンデルタール人は，絶対音感で音楽的なコミュニケーションを多用しながら暮らしていたのではないか，とマイスンは推測している．彼らは言語に必要な装置をすべて揃えていたのに，現代人のような言葉を話さなかった．それは共同の歌やディスプレイのための踊りとして使われたのである．言語によって三つのモジュールが連結されておらず，認知的流動性が生じなかったために，ネアンデルタール人の社会は分化せず，きわめて保守的だった．獲物に合わせて専用の狩猟具を製作することも，用途に合わせて多様な生活用品を考案することも，人間関係に合わせて装身具で身を飾ることもできなかった．おそらく集団同士の協力関係もなく，交易も発達していなかったと考えられる．

　指示的な機能をもつ言語が生まれた後，音楽はもっぱら感情の表出と集団の同一性を確立するためのコミュニケーションとして発達するようになった．しかし，この能力がいまだにどの文化でも力を失っていないことは，共同の歌が集団の同一意識を高めるために使われていることを見ても明らかである．歌や踊りは自己と他者の境界をあいまいにさせ，仲間への信頼感を増す効果がある．人間は，霊長類の中でそれを最も巧みに，そして頻繁に行う種と言えるだろう（図7・16）．

　人間がなぜ自己を犠牲にしてまで他者を助けようとするのか．しかも，自分とは血縁関係のない，直接利害関係のない他人にも援助の手を差し伸べることは，社会生物学の見地からすると不可解である．自分の遺伝子を残すことに貢献するとは思えないからだ．しかし，近年の狩猟採集民に関する生態人類学的研究は，「仲間であること」，「ともにあること」が人間の行動規範の根底にあることを示唆している．熱帯アフリカの森林に居住するピグミー系狩猟採集民の調査をした市川光雄は，大きな獲物を仕留めて帰ってきたハ

図7・16　アフリカのコンゴ民主共和国で
太鼓をたたいて踊る人々

ンターがとる実に控えめな態度から，個人に対する過度な賞賛が抑制されることが平等社会の特徴であることを示唆した．ピグミーの社会は徹底的な食物の分配と物の共有によって特徴づけられる．これまでこういった平等志向は，農耕民の遅延的収穫システムに対する狩猟採集民の即時的収穫システムのもつ互酬性や権力の否定といった観点から解釈されてきた．しかし，丹野正によれば，狩猟採集民にとって分配は物のやり取りではなく生活を分かち合うことの表現である．ピグミーの社会を調査した竹内 潔やブッシュマンの社会を調査した今村 薫はともに，彼らの分配はわれわれの社会のように贈与による負債を意識することによって成り立つのではなく，「共在のイデオロギー」と呼べるものによって支えられていると指摘している．そこに，どのようにして共感，同情，尊敬，嫉妬などの感情が埋め込まれているのかを探ることが，人間の社会的知性の特徴を解明する上で重要となる．

人類の進化史の大半は狩猟採集生活によって彩られてきた．農耕が起こったのはわずか1万年前のことである．ホモ・サピエンスにとっても進化史の9割以上を狩猟採集生活によって生き抜いてきたのである．土地や食物をめぐる所有，分配，交換，それにともなって起こるトラブルは農耕的な世界観が反映されがちであるが，そこに狩猟採集的な自然観や人間観も息づいていることを忘れてはいけない．そして，それはさらに歴史をさかのぼれば類人猿と共通な感情世界にまで行き着くはずである．類人猿の野生生活や感情世界は今やっと一部が解明され始めたばかりである．人類は類人猿との共通祖先のどんな特徴を受け継いで社会的知性を高めたのか．それはこれからどんな可能性を秘めているのか．今後の類人猿研究と生態人類学が明らかにしてくれるに違いない．

参考文献

C. B. スタンフォード著, 瀬戸口美恵子・瀬戸口烈司訳, 2001.『狩りをするサル－肉食行動からヒト化を考える』, 青土社

D. スプレイグ著, 2004.『サルの生涯, ヒトの生涯－人生計画の生物学』, 京都大学学術出版会

D. ハート・R. サスマン著, 伊藤伸子訳, 2007.『ヒトは食べられて進化した』, 化学同人

F. ドゥ・ヴァール著, 西田利貞訳, 1994.『政治をするサル』, 平凡社

F. ドゥ・ヴァール著, 西田利貞・榎本知郎訳, 1994.『仲直り戦術』, どうぶつ社

F. ドゥ・ヴァール著, 西田利貞・藤井留美訳, 1998.『利己的なサル, 他人を思いやるサル－モラルはなぜ生まれたのか』, 草思社

F. ドゥ・ヴァール著, 西田利貞・藤井留美訳, 2002.『サルとすし職人－＜文化＞と動物の行動学』, 原書房

G. シャラー著, 福屋正修訳, 1979.『マウンテンゴリラ』, 思索社

G. ブレンフルト編, 大貫良夫監訳, 片山一道編訳『人類のあけぼの』(上)(下), 朝倉書店

J. グドール著, 杉山幸丸・松沢哲郎監訳, 1990.『野生チンパンジーの世界』, ミネルヴァ書房

J. C. ゴメス著, 長谷川真理子訳, 2005.『霊長類のこころ－適応戦略としての認知発達と進化』, 新曜社

M. デイリー・M. ウィルソン著, 長谷川真理子・長谷川寿一訳, 1999.『人が人を殺すとき－進化でその謎をとく』, 新思索社

R. ダンバー著, 松浦俊輔・服部清美訳, 1998.『ことばの起源－猿の毛づくろい, 人のゴシップ』, 青土社

R. バーン著, 小山高正・伊藤紀子訳, 1998.『考えるサル－知能の進化論』, 大月書店

R. ランガム・D. ピーターソン著, 山下篤子訳, 1998.『男の凶暴性はどこからきたか』, 三田出版会

R. G. クライン・B. エドガー著, 鈴木淑美訳, 2004.『5万年前に人類に何が起きたか－意識のビッグバン』, 新書館

S. マイスン著, 熊谷淳子訳, 2006.『歌うネアンデルタール－音楽と言語から見るヒ

トの進化』，早川書房

T. C. ホイットモア著，熊崎 実・小林繁男監訳，1993.『【熱帯雨林】総論』，築地書館

W. マックグルー著，西田利貞監訳，足立 薫・鈴木 滋訳，1996.『文化の起源をさぐる－チンパンジーの物質文化』，中山書房

伊谷純一郎，1954.『高崎山のサル』，今西錦司編「日本動物記2」，光文社

伊谷純一郎，1972.『霊長類の社会構造 生態学講座20』，共立出版

伊谷純一郎・田中二郎編，1986.『自然社会の人類学－アフリカに生きる』，アカデミア出版会

伊谷純一郎，1987.『霊長類の社会進化』，平凡社

市川光雄，1982.『森の狩猟民－ムブティ・ピグミーの生活』，人文書院

今西錦司，1941.『生物の世界』，弘文堂

今西錦司，1951.『人間以前の社会』，岩波書店

内田亮子，2007.『人類はどのように進化したか－生物人類学の現在』，勁草書房

榎本知郎，1994.『人間の性はどこから来たのか』，平凡社

小川秀司，1999.『たちまわるサル－チベットモンキーの社会的知能』，京都大学学術出版会

小田 亮，1999.『サルのことば－比較行動学からみた言語の進化』，京都大学学術出版会

加納隆至，1986.『最後の類人猿－ピグミーチンパンジーの行動と生態』，どうぶつ社

河合雅雄（編），1990.『人間以前の社会学－アフリカに霊長類を探る』，教育社

河合雅雄，1992.『人間の由来』（上）（下），小学館

京都大学霊長類研究所（編），1992.『サル学なんでも小事典』，講談社ブルーバックス

京都大学霊長類研究所（編），2003.『霊長類学のすすめ』，丸善株式会社

京都大学霊長類研究所（編），2007.『霊長類進化の科学』，京都大学学術出版会

黒田末寿，1999.『人類進化再考』，以文社

斉藤成也・諏訪元・颯田葉子・山森哲雄・長谷川真理子・岡ノ谷一夫，2006.『ヒトの進化』，「シリーズ進化学5」，岩波書店

菅原和孝，2002.『感情の猿＝人』，弘文堂

杉山幸丸（編），1996.『サルの百科』，データハウス

杉山幸丸，1993.『子殺しの行動学』，講談社学術文庫

杉山幸丸（編著），2000.『霊長類生態学－環境と行動のダイナミズム』，京都大学学術出版会

高畑由紀夫（編著），1994.『性の人類学－サルとヒトの接点を求めて』，世界思想社
高畑由起夫・山極寿一（編），2000.『ニホンザルの自然社会－エコミュージアムとしての屋久島』，京都大学学術出版会
竹中晃子・渡辺邦夫・村山美穂（編），2006.『遺伝子の窓から見た動物たち－フィールドと実験室をつないで』，京都大学学術出版会
田中伊知郎，1999.『「知恵」はどう伝わるか－ニホンザルの親から子へ渡るもの』，京都大学学術出版会
田中二郎，1971.『ブッシュマン－生態人類学的研究』，思索社
田中二郎・掛谷誠（編），1991.『ヒトの自然誌』，平凡社
田中二郎・掛谷誠・市川光雄・太田至編著，1991.『続自然社会の人類学』，アカデミア出版会
寺島秀明（編著），2004.『平等と不平等をめぐる人類学的研究』，ナカニシヤ出版
中川尚史，1994.『サルの食卓』，平凡社
中川尚史，1999.『食べる速さの生態学－サルたちの採食戦略』，京都大学学術出版会
中川尚史，2007.『サバンナを駆けるサル－パタスモンキーの生態と社会』，京都大学学術出版会
和　秀雄，1982.『ニホンザル　性の生理』，どうぶつ社
西田利貞，1999.『人間性はどこから来たか－サル学からのアプローチ』，京都大学学術出版会
西田利貞・伊澤紘生・加納隆至（編），1991.『サルの文化誌』，平凡社
西田利貞・上原重男（編），1999.『霊長類学を学ぶ人のために』，世界思想社
西田利貞・上原重男・川中健二（編著），2002.『マハレのチンパンジー《パンスポロジー》の 37 年』，京都大学学術出版会
西田正規・北村光二・山極寿一，2003.『人間性の起源と進化』，昭和堂
古市剛史，1999.『性の進化，ヒトの進化－類人猿ボノボの観察から』，朝日選書
浜田　穣，2007.『なぜヒトの脳だけが大きくなったのか－人類の進化最大の謎に挑む』，講談社ブルーバックス
長谷川寿一・長谷川真理子，2000.『進化と人間行動』，東京大学出版会
正高信男，1991.『ことばの誕生－行動学からみた言語起源論』，紀伊国屋書店
松沢哲郎，1991.『チンパンジー・マインド－心と認識の世界』，岩波書店
明和政子，2006.『心が芽ばえるとき－コミュニケーションの誕生と進化』，NTT 出版
室山泰之，2003.『里のサルとつきあうには－野生動物の被害管理』，京都大学学術

出版会
山極寿一, 1994.『家族の起源－父性の登場』, 東京大学出版会
山極寿一, 2005.『ゴリラ』, 東京大学出版会
山極寿一（編著）, 2007.『ヒトはどのようにしてつくられたか』, 岩波書店
山極寿一, 2007.『暴力はどこからきたか－人間性の起源を探る』, NHKブックス
湯本貴和, 1999.『熱帯雨林』, 岩波新書

図表の引用文献

1章

1-1) Barton, R.A., Byrne, R.W. and Whiten, A., 1996. Ecology, feeding competition and structure in baboon. *Behavioral Ecology and Sociobiology*, **38**: 321-329.

1-2) Leakey, R.E. and Lewin, R., 1977. Origins: What New Discoveries Reveal About the Emergence of Our Species and Its Possible Future. Macdonald & Jane's Publishers, London. R．リーキー・R．レウィン著，岩本光雄訳，1980.『オリジン：人はどこから来て，どこへいくか』，平凡社

1-3) Matsumura, S., 1999. The evolution of "Egalitarian" and "Despotic" social systems among macaques. *Primates*, **40**: 23-31.

1-4) Van Schaik, C.P., 1989. The ecology of social relationships amongst female primates. *In* Standon,V. and Foley, R.A. (eds.), Comparative Socioecology, Blackwell, Oxford, pp. 195-218.

1-5) Wrangham, R.W., 1980. An ecological model of female-bonded primate groups. *Behaviour*, **75**: 262-300.

1-6) 伊谷純一郎, 1954.『高崎山のサル』，今西錦司編「日本動物記2」，光文社

1-7) 伊谷純一郎, 1972.『霊長類の社会構造　生態学講座20』，共立出版

1-8) 伊谷純一郎, 1987.『霊長類の社会進化』，平凡社

1-9) 江原昭善，1993.『人類の起源と進化－人間理解のために』，生命科学シリーズ，裳華房

1-10) 京都大学総合博物館編, 2002.『フォトドキュメント今西錦司：そのパイオニアワークに迫る』，紀伊国屋書店

1-11) 山極寿一編, 2007.『ヒトはどのようにしてつくられたか』，シリーズ「ヒトの科学」，岩波書店

2章

2-1) Chivers, D.J., 1977. The feeding behaviour of Siamang (*Symphalangus syndactylus*). *In* Clutton-Brock, T.H. (ed.), Primate Ecology, Academic Press, London, pp. 355-383.

2-2) Eeley, H.A.C. and Foley, R.A., 1999. Species richness, species range size and ecological specialization among African primates: geographical patterns and conservation implications. *Biodiversity and Conservation*, **8**: 1033-1056.

2-3) Fleagle, J.G., 1988. Primate Adaptation and Evolution. Academic Press, London.

2-4) Fleagle, J.G., 1999. Primate Adaptation and Evolution, 2nd Edition. Academic Press, London.

2-5) Kay, R.F., 1984. On the use of anatomical features to infer foraging behavior in extinct primates. *In* Rodman, P.S. and Cant, J.G.H. (eds.), Adaptations for foraging in Nonhuman Primates: Contributions to an Organismal Biology of Prosimians, Monkeys and Apes, Columbia University Press, New York, pp. 21-53.

2-6) Kuroda, S., Nishihara,T., Suzuki, S. and Oko, R.A., 1996. Sympatric chimpanzees and gorillas in the Ndoki Forest, Congo. *In* McGrew, W., Marchant, L. and Nishida, T. (eds.), Great Ape Societies, Cambridge University Press, Cambridge, pp. 71-81.

2-7) Schaller, G.B. 1963. The Mountain Gorilla: Ecology and Behavior. University of Chicago Press, Chicago.

2-8) Whitemore, T.C. and Prance, G.T. (eds.), 1987. Biogeography and Quaternary History in Tropical America. Clarendon Press, Oxford.

2-9) Yamagiwa, J., 1999. Socioecological factors influencing population structure of gorillas and chimpanzees. *Primates*, **40**: 87-104.

2-10) Yamagiwa, J. and Basabose, A.K., 2006. Effects of fruit scarcity on foraging strategies of sympatric gorillas and chimpanzees. *In*: Hohmann, G., Robbins, M.M. and Boesch, C. (eds.), Feeding Ecology in Apes and Other Primates: Ecological, Physiological and Behavioural Aspects, Cambridge University Press, Cambridge, pp. 73 - 96.

2-11) 京都大学霊長類研究所編, 2007.『霊長類　進化の科学』, 京都大学学術出版会

2-12) 西田利貞, 1974.「野生チンパンジーの生態」, 大塚柳太郎ほか編『生態学講座　第25巻：人類の生態』, 共立出版, pp. 15-60.

2-13) 山極寿一, 1994.『食の進化論－サルはなにを食べてヒトになったか』, 女子栄養大学出版部

3章

3-1) Kaplan, H., Hill, K., Lancaster, J. and Hurtado, A.M., 2000. A theory of human life history evolution: diet, intelligence, and longevity. *Evolutionary Anthropology*, **9**: 156-185.（2 つの図を 1 つにまとめて改変）

3-2) Lewin, R., 1984. Human Evolution. Blackwell Scientific Publication, Oxford. R. ルーウィン著, 三浦賢一訳, 1988.『ヒトの進化－新しい考え』, 岩波書店

3-3) Lewin, R., 1989. Human Evolution, 2nd Edition. Blackwell Scientific Publication, Oxford. R. ルーウィン著, 保志 宏・楢崎修一郎訳, 1993.『人類の起源と進化』, てらぺいあ

3-4) D. スプレイグ, 2004.『サルの生涯, ヒトの生涯―人生計画の生物学』, 京都大学学術出版会

3-5) 山極寿一, 1993.『オトコの進化論』, ちくま新書

4 章

4-1) Anderson, D.P., Nordheim, E.V. and Boesch, C., 2006. Environmental factors influencing the seasonality of estrus in chimpanzees. *Primates*, **47**: 43-50.

4-2) Dixon, R.A., 1983. Observations on the evolution and behavioral significance of "sexual skin" in female primates. *Advances in the Study of Behavior*, **13**: 63-106.

4-3) Harcourt, A.H., Harvey, P.H., Larson, S.G. and Short, R.V., 1981. Testis weight, body weight, and breeding system in primates. *Nature*, **293**: 55-57.

4-4) Kuester, J., Paul, A. and Arnemann, J., 1994. Kinship, familiality and mating avoidance in Barbary macaques, *Macaca sylvanus*. *Animal Behaviour*, **48**: 1183-1194.

4-5) Ridley, M., 1986. The number of males in a primate troop. *Animal Behaviour*, **34**: 1848-1858.

4-6) Sillén-Tullberg, B. and Møller, A.P., 1993. The relationship between concealed ovulation and mating systems in anthropoid primates: a phylogenetic analysis. *The American Naturalist*, **141**: 1-25.

4-7) Takahata, Y., 1982. The socio-sexual behavior of Japanese monkeys. *Zeitschrift Tierpsychologie*, **59**: 89-108.

4-8) 榎本知郎, 1983.「ニホンザルの性行動」, 遺伝, **37**(4): 9-16.

4-9) 榎本知郎, 1994.『人間の性はどこから来たのか』, 平凡社

4-10) 西邨顕達, 1999. 野生ウーリーモンキーの雌の性・生殖パターン. 同志社大学理工学部研究報告, **40**(2): 1-14.

5章

5-1) Wrangham, R.W., Wilson, M.L. and Muller, M., 2006. Comparative rates of violence in chimpanzees and humans. *Primates*, **47**: 14-26.

5-2) Yamagiwa, J. and Kahekwa, J., 2001. Dispersal patterns, group structure and reproductive parameters of eastern lowland gorillas at Kahuzi in the absence of infanticide. *In*: Robbins, M.M., Sicotte, P. and Stewart, K.J. (eds.), Mountain Gorillas: Three Decades of Research at Karisoke, Cambridge University Press, Cambridge, pp. 89-122.

5-3) 山極寿一, 1993.『ゴリラとヒトの間』, 講談社

6章

6-1) 小林洋美・橋彌和秀, 2005.「コミュニケーション装置としての目："グルーミング"する視線」, 遠藤利彦編『読む目・読まれる目：視線理解の進化と発達の心理学』, 東京大学出版会, pp. 69-91.

6-2) Sugiyama, Y., 1993. Local variation of tools and tool use among wild chimpanzee populations. *In* Barthelet, A. and Chavallion, J. (eds.), The Use of Tools by Human and Nonhuman Primates, Clarendon Press, pp. 175-187.

6-3) Van Schaik, C.P., 1999. The socioecology of fission-fusion sociality in Orangutans. *Primates*, **40**: 69-86.

6-4) Van Schaik, C.P., 2006. Why are some animals so smart? *Scientific American*, **16**(2): 30-37.

7章

7-1) Byrne, R., 1995. The Thinking Ape. Oxford University Press, Oxford. R. バーン著, 小山高正・伊藤紀子訳, 1998.『考えるサル：知能の進化論』, 大月書店

7-2) Klein, R.G. and Edgar, B., 2002. The Dawn of Human Culture. Wilen, New York. R. レイン・B. エドガー著, 鈴木淑美訳, 2004.『5万年前に人類に何が起きたか？ 意識のビッグバン』, 新書館

7-3) Lewin, R., 1989. Human Evolution, 2nd Edition. Blackwell Scientific Publication, Oxford. R. ルーウィン著, 保志 宏・楢崎修一郎訳, 1993.『人類の起源と進化』, てらぺいあ

7-4) 諏訪兼位, 1997.『裂ける大地アフリカ大地溝帯の謎』, 講談社

索　引

あ

アーネム動物園　115
アイエロ, レスリー　161
あいさつ　86, 116, 129, 133
アイザック, グレン　155
アイデンティフィケーション
　　141, 142
アウストラロピテクス
　　──・アナメンシス　6, 7,
　　145
　　──・アファレンシス　6,
　　7, 96, 145, 150, 152
　　──・アフリカヌス　5, 7,
　　145
　　──・ガルヒ　7, 143, 151,
　　152, 154
アカゲザル　26, 124, 165, 166
アカコロブス　38, 55, 74, 77,
　　98, 102, 111
遊び　88, 93, 127, 128, 130,
　　133, 135
アダピス類　36, 37
アヌビスヒヒ　24, 25, 39,
　　120, 121
アリストテレス　1
アリ塚　139
アルカロイド　43, 139
アルディピテクス
　　──・カダバ　7, 8, 144,
　　145
　　──・ラミダス　6, 7, 145
アンゴラコロブス　98

い

胃（前胃発酵）　35, 41, 43, 47

育児　60, 66, 73, 94, 101
移籍　24, 45, 65, 85, 92-94,
　　105-111, 113, 114, 121, 123,
　　126, 141
伊谷純一郎　8, 12, 13, 27,
　　125, 174, 177
市川光雄　170, 174, 175
今西錦司　8, 9, 11-13, 28, 141,
　　142, 174, 177
今村薫　171
イモ洗い行動　134, 135
インセスト（近親相姦）　15,
　　89
　　──・タブー　13
　　──の禁止　89
　　──の回避　28, 89, 94, 96,
　　97
インドリ　27, 36, 38, 102

う

ヴァン・シャイク　23, 138
ヴィルンガ火山群　8, 56,
　　105, 140
ウェスターマーク, エドワード　96
ヴェルヴェットモンキー　165
ウェルニッケ領域　161
ウォレス　2
腕渡り　49, 55

え

栄養　15, 19, 21, 39, 41, 54,
　　71, 140, 154, 158
餌場　13, 15, 16
エストロゲン（発情ホルモン）
　　74, 75, 78
エスピナス　9

餌付け　12-16, 17, 19, 21, 89,
　　91, 119, 134, 135, 138, 141
エディプス・コンプレックス
　　96
エナメル質　146, 152
エネルギー　22, 32, 41, 43,
　　60, 62, 69, 70, 148, 154, 155
　　──効率説　148
榎本知郎　91, 173, 174, 179
猿害　19
塩基配列　84

お

オオアリ　136
オナガザル上科　38, 64, 102
オナガザル類　27, 46, 47, 54,
　　55, 67
オモミス類　36, 37
オランウータン　5, 8, 27, 38,
　　46-49, 55, 56, 65, 66, 69, 74,
　　75, 77, 81-83, 88, 94, 96, 98,
　　101-104, 109, 133, 134, 138,
　　139, 152, 156, 167, 168
オルドヴァイ　6, 7, 155
オルドワン式石器　6, 143,
　　154, 160
オローリン・ツゲネンシス
　　7, 8, 144

か

外婚　13, 89, 94
階層的な思考方法　141
介入　122-124, 126, 165
家系　14, 15, 18, 19, 23, 90,
　　119
化石種　64

化石証拠　144, 147, 152
化石人類　143, 145
家族　13, 73, 89, 94, 96, 97, 151
葛藤　85, 115
カニクイザル　26, 70
加納隆至　116, 174, 175
カフジ山　107
カモヤピテクス　46
ガルディカス, ビルーテ　8
河合雅雄　8, 13, 141, 174
川村俊蔵　8, 12, 14, 119
川村の法則　15
環境条件　24-26
環境の制約　28
観光的価値　15
観察学習　141, 142
頑丈型　152, 153
環世界　11
乾燥化　34, 64
寒冷化　34, 146
寒冷・乾燥化　64

き

キイロヒヒ　165
ギガントピテクス　64
規矩　126, 127, 129
擬似発情　104
技術的知能　164
擬人的　13
季節乾燥林　146
季節性　63, 65, 78, 79
季節変動　41, 78
基礎代謝量　40, 41, 69
キツネザル類　27, 36, 37, 62
キバレ　53, 115, 136-138
キバレ森林　114
規範　28, 89, 94, 97, 170
キブツ　96, 97

華奢型　152, 153
ギャラップ　133
共感　142, 169, 171
競合　2, 11, 16, 19, 22-24, 44, 48, 49, 51, 52, 55, 56, 70, 82, 84, 87, 97, 98, 104, 108, 110, 126, 168
共在のイデオロギー　171
教示行動　142, 166
共進化　35, 36
共生　39, 41, 47
共存　11, 17, 28, 44, 54-59, 66, 73, 80, 83, 97, 107-110, 118-121, 123, 125, 126, 149, 158
共通祖先　3, 67, 97, 133, 134, 146, 172
共同生活　96, 160
協力関係　97, 155, 170
金華山　23
近親間の交尾　92
緊張緩和交渉　88
近隣関係　13

く

クエスター　90-92
グドール, ジェーン　8, 9, 114
クモザル亜科　27, 38, 66
グリメイス　119-121, 130
グルーミング　22, 24, 91, 92, 124, 125, 129, 141
クロマニヨン人　4, 162, 163
群居性　23

け

継承性　27, 28
系統関係　28
系統図　101
系統的　26, 27, 145

血縁関係　14, 15, 19, 28, 44, 59, 66, 73, 84, 88-91, 119, 121, 126, 165, 170
血縁制　14
血縁びいき　23, 26
月経　65, 74, 75
結婚　89, 94, 97
げっ歯類　60
ゲラダヒヒ　38, 74, 77, 102, 158
原猿類　36, 39, 40, 62, 79, 82, 101, 102, 118, 157, 167
言語　134, 135, 143, 160, 161, 164, 168-170
犬歯　67, 113, 114, 144, 145, 149, 150, 152, 161

こ

睾丸　65, 80, 81, 83, 84, 96, 115
睾丸サイズ　96
交換システム　89, 97
攻撃　14, 23, 91, 92, 99, 105, 109, 112-115, 118-123, 165, 167
幸島　12, 13, 15, 134
酵素（セルラーゼ）　41
喉頭　161, 169
交尾回避　90-94
交尾季　19, 20, 23, 63, 74, 80, 87, 89, 91, 103, 105, 112, 113
交尾戦略　100
合理的思考　169
子殺し　28, 96, 98-111
心の理論　133, 166-169
互酬性　155, 171
個体学習　135
個体識別　11-14, 89, 91

子ども期　69, 72
小林洋美　134, 180
コミュニケーション　83, 118, 133, 134, 143, 155, 169, 170
小山直樹　15
固有種　34
コロブス類　27, 41-43, 46, 47, 54, 55, 74, 77
混群　54, 55
根茎類　151, 152, 158, 159
コンゴ盆地　139
昆虫食　40, 41, 46, 58
コント　9
ゴンドワナ　33
ゴンベ　9, 53, 79, 111, 114, 115, 135-137

さ

採食競合（競争）　24, 40, 44, 55
採食戦略　22, 44, 52, 56, 58
再定位攻撃　120
雑食　25, 36, 55, 140, 144, 152
サヘラントロプス・チャデンシス　7, 8, 144, 145

し

示威行動　113
シートン　13
志賀高原　15, 17, 91
歯冠形成時期　64
地獄谷　15
自己主張　83, 122, 125
思春期スパート　70
自然階梯　1
自然群　15-17, 19, 21, 23, 120
自然状態　16, 73, 125, 126
自然状態の人間　125

死肉あさり　154, 155
シバピテクス　64
シファカ　36, 38, 62, 102
下北半島　17
社会学習　135, 138
社会構造　17, 20, 25-28, 48, 66, 79-81, 83, 95, 101, 102, 109, 125, 141, 157
社会進化　89
社会進化論　10
社会生態学　21, 25, 28, 44, 98, 157
社会的地位　84, 124, 126, 131, 133, 165
社会的知性（知能）　118, 142, 143, 164, 165, 169, 171, 172
社会的な遊び　127
ジャワ原人　4
集合性　141
重層社会　25, 121
集団育児　101
集団生活　13, 23, 27, 40, 62, 73, 82, 112, 118, 119, 126, 129
雌雄同型　102, 109
周年発情　79
種子散布（者）　34-36
樹上性　39, 45, 56, 66
樹上生活　49, 156
腫脹　65, 74-77, 83-85, 88, 94-96, 103
出産間隔　61, 63, 65-67, 109, 150
出産季　63, 78
出産率　15, 22, 23
種内変異　104, 107
授乳期間　21, 47, 62, 66, 105
種の起原　3, 4

種分化　33, 34
寿命　70-72
ジュラ紀　35
狩猟　9, 71, 111, 116, 117, 131, 151, 154, 155, 160, 162, 170-172
順位　14-17, 20, 88, 119-123, 125, 126, 141, 165
消化　22, 42, 43, 47, 139, 155
条件的平等原則　129
条件的平等社会　127
少産少子　61
植物繊維（セルロース）　22, 41, 45, 46, 51, 52, 58
食物運搬説　148
食物環境　21, 22
食物資源　22, 24, 40, 41, 44, 55
食物条件　21, 54, 60, 63, 113
食物の分配　129, 131, 132, 151, 156, 160, 171
食物連鎖　60
初産年齢　66, 108, 109
シロアリ釣り　135
神経システム　161
ジンジャントロプス・ボイセイ　6, 7, 152
人種概念　10
人種主義　10
新生児死亡率　108, 109
親族集団　73
親等　89, 90
シンパ　97
人間平等起源論　125
『人間不平等起源論』　125

す

杉山幸丸　98, 173, 174
スクランブル（間接的）　52

せ

スターク, エリザベス 98
棲み分け 11, 12

生活史 46, 60, 62, 64, 66, 69, 71, 72
　——戦略 59-61, 63-66, 73
生活の場 11
性器こすり 85, 86, 126
性器接触行動 86
性交渉 70, 85, 87, 88, 96, 97, 116, 129, 130, 133
性差 82, 96, 119, 151
精子 70, 78, 80, 81
精子競争 80, 84, 96
性衝動 91, 96
生殖生理 80
性選択 100, 149
生息密度 52, 54, 100, 104, 138
生存率 23, 72, 73
生態学 10, 21, 25, 28, 44, 98, 157, 160
　——的適応 25, 28
　——モデル 23, 24
生態人類学 172
　——的研究 170
成長速度 67
成長遅滞 62
性的遊び 88
性的喚起 86, 87
性的強制 28
性的許容性 96
性的受容性 104, 109
性的二型 82, 94, 101, 102
制度 14, 94, 125
性皮 58, 65, 74-77, 84, 85, 88, 94-96
性皮の腫脹 65, 74, 76, 77, 84, 85, 94-96
生物多様性 32
『生物の世界』 11, 174
絶対音感 170
先験的な不平等 126, 127
専制的 23, 26, 27

そ

送受粉 34
創造説 3
相対音感 170
即時的収穫システム 171
祖型人類 95
咀嚼器 152
祖母仮説 72

た

ダーウィン 2-4, 9, 11, 28, 89
ダート 5, 8
ダイアナモンキー 54
対角毛づくろい 142
タイ森林 80, 111, 166
大地溝帯 147
大腸（後腸発酵） 41
対面交渉 129, 130, 131, 133, 134
タウングス 5
高崎山 12, 13, 15-17
『高崎山のサル』 13, 174, 177
高畑由紀夫 89, 175
竹内潔 171
タマリン 101
ダルワール 98
単婚 27, 81, 95, 96, 151
単雌複雄 101
男女の分業 13, 155
単独生活 17, 27, 40, 47, 66, 81, 82, 88, 101-103, 109, 113, 118-120, 126, 138

丹野正 171
ダンバー, ロビン 168, 173
単雄群 24, 25, 80, 105, 109-111
単雄複雌 26, 80-82, 86, 95, 101, 102, 121, 151
　——群 24, 80, 93, 99, 100, 104, 121, 158

ち

地域社会 13, 73, 97
遅延的収穫システム 171
チベットモンキー 26, 86
チャクマヒヒ 24-26, 76, 166, 167
仲裁（行動） 93, 122-124, 126, 130, 164, 165
注視 129
抽象的な思考 164
直線的（な）順位 14, 119, 120, 121, 123, 165
直立二足歩行 1, 5, 7, 8, 67, 72, 144, 147-151, 160, 161, 169

つ・て

ツパイ 36
ディスプレイ 170
　——説 148, 149
適応放散 34-36, 40
テナガザル 28, 37, 38, 43, 45, 47-49, 55, 63, 65, 66, 77, 81-83, 94, 101, 102, 109, 118, 134, 151, 156, 167, 168

と

都井岬 12
ドゥ・ヴァール, フランス 14, 124, 142, 173

道具　6, 56, 58, 132, 134, 136-141, 143, 147, 152, 162, 164, 165
淘汰　12
淘汰圧　22, 72
同盟関係　132
トゥルカナ湖畔　161
特異的近接関係　91
徳田喜三郎　89
ドマニシ　7, 158, 159

な

中村美知夫　142
ナックル・ウォーク　49
なわばり　51, 52, 104, 109, 112, 113, 118
　──防衛行動　118

に

肉のパッド（フランジ）　82, 83
肉の分配　131, 132
二次化合物　43, 47
西田利貞　142, 173-175, 178
ニシローランドゴリラ　53, 113
日射緩和説　148
ニッチ　33, 39, 54, 56, 58, 61, 62
『ニホンザルの生態』　13
日本モンキーセンター　8
乳児死亡率　22
『人間以前の社会』　12, 174
人間家族　13
認知的流動性　164, 170

ね・の

ネアンデルタール人　4, 161-163, 170

脳容量　6, 68, 154, 158, 160, 161
のぞき込み行動　129-131, 133

は

バートン, ロバート　24, 25
バーバリマカク　26, 90-94
バーン, リチャード　140, 141, 166, 168, 173, 180
配偶関係　65, 94, 118, 150
排卵　65, 70, 74, 75, 78, 79, 81, 83, 84
排卵日　78, 83
排卵頻度　70
白山　17
博物的知能　164
パタスモンキー　157
発芽抑制物質　35
ハックスリー　3, 4
ハッザ　71
発情　19, 51, 58, 59, 65, 74, 75, 77-84, 86-88, 93, 95, 96, 99, 100, 102-105, 109, 111-113, 116, 123, 132, 137
ハヌマンラングール　98-100, 103-105
パラントロプス・ボイセイ　6, 7, 145, 152
バレット, ルイーズ　25, 26
パンゲア　33
繁殖　2, 21-23, 28, 47, 48, 59-67, 70-73, 79, 81, 83, 100, 103, 105, 108, 109, 111, 117, 126
ハンディキャッピング　128
バンド　24, 121
ハンドアックス　160

ひ

比較社会学　13
ヒガシローランドゴリラ　53, 107
ピグミー　151, 170, 171
ピグミーマーモセット　38, 60
ピテカントロプス・エレクトス　4
ヒト上科　38, 64, 69
ヒヒ類　25, 63, 64, 66, 74, 77, 157, 167
非母系的　59, 66, 97, 126
平等志向　171
平等社会　125, 127, 171
平等的　23, 26, 27
ピルトダウン人　5

ふ

フィールドワーク　11, 12, 14
ブウィンディ森林　110
フォッシー, ダイアン　8, 113
複雄複雌　25, 51, 80, 82, 95, 101, 102, 110, 121, 123
　──群　80, 84, 104, 121
父系　27, 28, 45, 66, 73, 90, 91, 92, 110, 117
父系社会　27, 28, 45, 66, 73
父子判定　84, 93, 118
父性行動　93, 141
物質文化　137, 143
ブッシュマン　149, 151, 171
不平等原則　126, 129
不平等社会　125, 126
ブラキエーター　55
フランジオス　82
ブルーモンキー　54
フルディ, サラ・ブラッファー　100

プレイバック実験　165
プレシアダピス類　36, 37
プレマック　166
フロイト, ジグムント　96
ブローカ領域　161
プロゲステロン（黄体ホルモン）　74, 78
プロラクチン　65, 103
ブロンボス洞窟　163, 164
文化　6, 9, 10, 12, 27, 72, 134, 135, 137, 141, 143, 160, 162-164, 169, 170
分配行動　131, 133
分裂　15, 16, 19, 20, 23, 33, 107

へ

ペア　27, 28, 40, 47, 48, 81, 87, 92, 95, 101, 102, 109, 118, 119, 126
閉経　70-73
ベッド　51, 56, 93, 156
ベニガオザル　23, 26, 27, 86, 125
ヘンジー, ピーター　25, 26

ほ

防衛システム　43
ホエザル　38, 43, 100, 102
ホークス　72
頬袋　35
ホーム・ベース　155, 157
母系　27, 28, 73, 89, 90, 92, 105, 121, 126, 135
捕食圧　23-25, 45, 64, 98, 157
捕食者　23-25, 35, 36, 40, 45, 55, 60-62, 98, 100, 121, 158, 164
　──回避　55

補助食物　56, 57
ボッソウ　111, 136-139
ボノボ　46, 48, 63, 65, 75, 83-85, 88, 94-96, 102-104, 111, 112, 115-117, 126, 130, 131, 139, 140, 156, 167, 168
ホモ・エレクトス　7, 145, 155, 157-161
ホモ・サピエンス　1, 7, 145, 163, 164, 172
ホモ・ネアンデルターレンシス　7, 145, 161
ホモ・ハビリス　6-8, 145, 146, 154, 155, 157, 158
ホモ・ハイデルベルゲンシス　161
ホモセクシュアル　85-88
掘り棒　151
ホルモン　65, 74, 75, 77, 78, 87, 103
ホワイテン　166, 168
ボンネットモンキー　23, 26, 27, 74, 125

ま

マードック　13
マーモセット　38, 101, 102
マイスン, スティーヴン　164, 169, 170, 173
マウンティング（馬乗り行動）　86, 87, 89, 126, 129
マウンテンゴリラ　53, 87, 105-107, 110, 113, 122, 140
マカク　23, 26, 27, 38, 42, 47, 63, 64, 66, 74, 102, 125
マキャベリ的知性　168, 169
マスタベーション　87
マックグルー, ウイリアム　137, 174

末子優位　14, 15
　──の法則　119
松村秀一　27
マントヒヒ　24, 25, 75, 86, 121, 123, 158, 167
マンドリル　38, 74, 76, 77

み・む

ミカンテスト　119
ミタニ　112
群れサイズ　19, 23, 44, 107, 168, 169

め

メイト・アウト　92, 94
メガネザル　27, 28, 37, 38, 102, 167
メス連合種（Female-bonded species）　22, 23

も

モジュール　164, 170
モルガン, ルイス　89

や

野猿公園　15
野外実験　100
屋久島　18-20, 23
野生復帰　138

ゆ

遊動域　17, 19, 43-45, 49, 51, 52, 54, 56, 62, 65, 82, 85, 98, 112-114, 116, 117, 148, 160, 164
遊動距離　44, 51, 52, 56, 57
遊動生活　17, 43, 54
ユクスキュル　11

よ

幼児婚 97
葉食 40, 41, 43-47, 56, 98
ヨザル 38-40, 102

ら

ラブジョイ, オーウェン 150, 151
ラマルク 2
ランガム, リチャード 21-23, 116, 173
乱交的 80, 84, 88, 96, 103, 111

り

リーキー 6, 8, 9, 177
リーダー制 14
離合集散性 45
隣接群 17, 51, 54, 56, 110, 112, 114-116
リンネ 1

れ・ろ

レヴィ＝ストロース, クロード 13, 89
レフュージア 34
連合関係 22, 24, 44, 45, 84, 90, 123
連合形成 24
ロッドマン 112

わ

ワオキツネザル 38-40, 101, 102
和解 118, 124, 125, 130
ワンバ森林 116

著者略歴
山極　寿一（やまぎわ　じゅいち）

1975年	京都大学理学部　卒業
1980年	京都大学大学院理学研究科博士課程退学　理学博士
	日本学術振興会特別研究員，ナイロビ研究センター駐在員
1982年	カリソケ研究センター研究員
1983年	（財）日本モンキーセンター　リサーチフェロウ
1988年	京都大学霊長類研究所　助手
1998年	京都大学大学院理学研究科　助教授
2004年	京都大学大学院理学研究科　教授

主な著書

ゴリラとヒトの間（単著，講談社現代新書）
サルはなにを食べてヒトになったか ―食の進化論（単著，女子栄養大学出版部）
家族の起源 ―父性の登場（単著，東京大学出版会）
父という余分なもの ―サルに探る文明の起源（単著，新書館）
ゴリラ（単著，東京大学出版会）
いま「食べること」を問う ―本能と文化の視点から（共編著，農文協）
ヒトはどのようにしてつくられたか（編著，岩波書店）
暴力はどこからきたか ―人間性の起源を探る（単著，NHKブックス）

人類進化論 ―霊長類学からの展開―

2008年8月25日　第1版　発行
2010年3月30日　第1版2刷発行

検印省略

定価はカバーに表示してあります．

著作者　　山極寿一
発行者　　吉野和浩
発行所　　東京都千代田区四番町8番地
　　　　　電話　03-3262-9166（代）
　　　　　郵便番号 102-0081
　　　　　株式会社　裳華房
印刷所　　株式会社　真興社
製本所　　株式会社　青木製本所

社団法人
自然科学書協会会員

〈(社)出版者著作権管理機構 委託出版物〉
本書の無断複写は著作権法上での例外を除き禁じられています．複写される場合は，そのつど事前に，(社)出版者著作権管理機構（電話03-3513-6969，FAX 03-3513-6979，e-mail: info@jcopy.or.jp）の許諾を得てください．

ISBN 978-4-7853-5217-2

Ⓒ 山極寿一, 2008　　Printed in Japan

生物科学入門（三訂版） 石川 統 著　　定価2205円	**コア講義 生物学** 田村隆明 著　　定価2415円
生物学と人間 赤坂甲治 編　　定価2310円	**人間のための一般生物学** 武村政春 著　　定価2415円
教養の生物（三訂版） 太田次郎 著　　定価2520円	**図説 生物の世界**（三訂版） 遠山 益 著　　定価2730円
生物講義 大学生のための生命理学入門 岩槻邦男 著　　定価2100円	**生命の意味** 進化生態からみた教養の生物学 桑村哲生 著　　定価2100円
生命と遺伝子 山岸秀夫 著　　定価2730円	**生命科学史** 遠山 益 著　　定価2310円
分子からみた生物学（改訂版） 石川 統 著　　定価2835円	**理工系のための生物学** 坂本順司 著　　定価2835円
多様性からみた生物学 岩槻邦男 著　　定価2415円	**細胞からみた生物学**（改訂版） 太田次郎 著　　定価2520円
DNAとタンパク質 石井信一 著　　定価2310円	生命科学シリーズ **細胞の科学**（改訂版） 太田次郎 著　　定価2310円
生化学入門 丸山工作 著　　定価3045円	生命科学シリーズ **酵素の科学** 藤本大三郎 著　　定価2625円
コア講義 生化学 田村隆明 著　　定価2625円	**コア講義 分子生物学** 田村隆明 著　　定価1575円
スタンダード 生化学 有坂文雄 著　　定価3150円	**ライフサイエンスのための分子生物学入門** 駒野・酒井 共著　　定価2940円
バイオサイエンスのための蛋白質科学入門 有坂文雄 著　　定価3360円	**ゲノムサイエンスのための遺伝子科学入門** 赤坂甲治 著　　定価3150円
バイオの扉 斎藤日向 監修　　定価2730円	**分子遺伝学入門** 東江昭夫 著　　定価2730円
21世紀への遺伝学 **基礎遺伝学** 黒田行昭 編　　定価3360円	**人のための遺伝学** 安田德一 著　　定価2940円
分子発生生物学（改訂版） 浅島・駒崎 共著　　定価2730円	**初歩からの集団遺伝学** 安田德一 著　　定価3360円
図解 発生生物学 石原勝敏 著　　定価2835円	**環境生物科学**（改訂版） 松原 聰 著　　定価2730円
最新 発生工学総論 入谷 明 著　　定価2520円	**人間環境学** 遠山 益 著　　定価2940円
微生物学 地球と健康を守る 坂本順司 著　　定価2625円	**生物の目でみる自然環境の保全** 遠山 益 著　　定価2730円
大学の生物学 **植物生理学**（改訂版） 清水 碩 著　　定価4095円	**市民環境科学への招待** 小倉紀雄 著　　定価2625円

裳華房ホームページ　http://www.shokabo.co.jp/　2010年3月現在